Les Chances qu'il nous reste

ÉGALEMENT CHEZ POCKET

ET SI ON ARRÊTAIT DE SE MENTIR

ET SI ON DÉCIDAIT D'ALLER BIEN

L'ALIMENTATION FITNEXT
D'ERWANN MENTHÉOUR :
PETIT MANUEL DE SURVIE
ALIMENTAIRE

ET SI ON ARRÊTAIT D'EMPOISONNER
NOS ENFANTS ?

LES CHANCES QU'IL NOUS RESTE

Erwann Menthéour

Les Chances qu'il nous reste

Histoire de la sixième extinction

FAYARD

ISBN : 978-2-266-32038-2
Dépôt légal : septembre 2021

À Kristel,

parce que tu m'as fait vivre mes jours les plus heureux. Et même en me quittant, tu as fait de moi un homme.

À Margaux et à Lou,

parce qu'elles sont les promesses d'un monde meilleur.

Prologue

Le monde que nous connaissons, celui dans lequel nous vivons, celui où nous respirons à cet instant même, est sans doute déjà mort. À l'image des astres qui brillent dans la nuit alors qu'ils ont disparu depuis des millions d'années.

C'est avec émotion que j'aborde le préambule de ce livre. Je veux y évoquer un futur proche auquel pratiquement personne aujourd'hui ne croit, ou ne veut croire. Je ne suis pourtant pas le seul à avoir pris le pouls de la situation. Beaucoup essaient d'éveiller les consciences et lancent l'alerte. Les plus grandes institutions, comme le Groupe d'experts intergouvernemental sur l'évolution du climat (GIEC) et la NASA, ont pris la mesure de la gravité des faits, mais elles ne peuvent pas dire la vérité. Ou, en tout cas, pas totalement. Elles ne sont pas structurées et prévues pour le faire. Et, à bien des égards, elles ne veulent pas non plus s'y confronter. Quand elles tentent de tenir un discours de vérité, comme l'a fait António Guterres, le secrétaire général de l'Organisation des

Nations unies (ONU), en septembre 2018, en déclarant que nous étions « *face au plus grand défi de l'histoire de l'humanité* », ces avertissements, pourtant forts, sont restés quasi inaudibles.

Nous sommes condamnés à l'optimisme, et cela nous tue.

En fait, si les autorités agréées envisageaient vraiment le possible cataclysme à venir, cela mettrait en péril l'équilibre dans lequel nous sommes, qui repose essentiellement sur la vitalité économique des nations, et donc, sur une foi inébranlable en la seule religion que ce système connaisse : celle de la croissance.

Or pas de croissance possible sans confiance, une confiance aliénée en l'avenir.

Nous sommes condamnés à l'optimisme, et cela nous tue.

Alors même si les articles se multiplient et que les sujets télé prolifèrent, personne ne veut ni ne peut envisager le pire.

Trop anxiogène, trop négatif.

Certains scientifiques prennent la parole, mais ce sont des discours d'experts, peu facilement partageables. Connu pour sa critique des nouvelles technologies et pionnier du mouvement antinucléaire, le philosophe Gunther Anders a écrit : « *S'il peut y avoir la moindre chance d'atteindre l'oreille de l'autre, ce n'est qu'en donnant le plus de tranchant possible à son propos [...]. Les temps heureux où l'on pourrait s'en dispenser, ou l'on pourrait éviter l'outrance et faire dans la sobriété ne sont pas encore venus.* » Je fais partie des rares personnes à qui on donne la chance de pouvoir s'exprimer.

Alors j'ai le sentiment d'avoir le devoir de révéler un certain nombre de choses, que j'ai apprises ou comprises. J'ai le sentiment d'avoir le devoir d'informer. Je dois, à mon niveau, avoir le courage d'essayer de changer les choses.

Pourquoi un ancien sportif tel que moi s'est-il intéressé à ces questions ? Mon parcours est singulier, ma parole détonnera. Je suis un autodidacte, je ne m'en suis jamais caché.

La vie m'a éprouvé très tôt. J'ai grandi en Bretagne, sur des terres granitiques, où les hommes sont rudes et entiers. J'ai été élevé à la dure par un de ceux-là. Un militaire, un fils de paysan, un homme rugueux et droit qui m'a initié à la vie, à sa violence aussi.

Il m'aura surtout appris le courage : savoir être un homme dans les moments où l'on serait tenté de fuir ou de se taire.

Très jeune, à 24 ans, le cyclisme m'a dans le même mouvement consacré et mis à terre : je suis le premier dans l'histoire de ce sport à avoir été détecté positif au contrôle sanguin. J'ai connu la solitude de celui à qui on demande de se plier au silence, et à sa loi, pour protéger son clan et son milieu.

J'ai refusé et me suis vu confronté à la nécessité de devoir sacrifier une part essentielle de qui j'étais pour tenir une parole juste, un discours de vérité, que personne ne voulait alors entendre : je fus donc le premier à prendre la parole sur Europe 1 en janvier 1998, contre l'avis de mon entourage professionnel, contre la volonté des miens, pour révéler le quotidien qui était le nôtre, à nous, coureurs professionnels, qui mettions nos vies en danger.

Quand il est question du dopage, à la fin des années 1990, il est déjà au fond question d'empoisonnement, collectif et systématique, au nom de la compétitivité et du rendement.

Le sport est sans doute le milieu le plus libéral qui soit. C'est à la fois le miroir et le laboratoire de notre société.

À l'époque, il m'apparaissait déjà que cette société avait le sport qu'elle méritait. Aujourd'hui, combien d'athlètes sacrifiés ?

Si je vous disais le nombre de frères cyclistes suicidés ou morts de cancer, vous seriez effrayés. Et ce n'est pas fini. Cette pandémie accablante est le symptôme de quelque chose de plus profond. Nous courons à notre perte au nom de la performance, d'une croissance dont personne ne veut voir qu'elle est devenue une croyance folle à laquelle on s'arrime comme on s'arc-boute, avec toujours un peu plus de désespoir, sur ce qu'il nous reste d'espoir.

Dans le sport de haut niveau, j'ai pris l'habitude de me confronter à la souffrance, à l'inquiétude. Je n'ai pas peur de ce qui me menace. Peut-être même ai-je développé, petit à petit, des rapports secrètement étroits, presque amoureux, à tout ce qui prétend m'agresser ou me mettre en péril. Les grandes épreuves exigent qu'on se révèle. Elles nous offrent la possibilité d'être grand. Et je suis peut-être mieux disposé et armé que d'autres pour tenter de lutter, pour résister à la pression, à la panique. J'aimerais, à mon niveau, en faire quelque chose. Peut-être ne vous apparaît-il pas clairement qu'un lien profond existe entre la vitalité de votre corps, la qualité de votre alimentation, et la santé de la planète. J'ai dénoncé le dopage, cette intoxication qui longtemps n'a pas dit son nom. Très naturellement, quelques années plus tard, j'ai dénoncé la malbouffe : France 2 m'a offert la possibilité de mener des enquêtes journalistiques poussées, j'ai dénoncé certaines techniques de désinformation de grands groupes industriels, essuyé des attaques, reçu du papier bleu. J'ai une fois encore tenu mes positions : j'ai expliqué les liens que la consommation de viande et le réchauffement climatique entretenaient. J'ai alors obtenu bien des soutiens, comme celui de Jean Jouzel (Prix Nobel de la paix). Les courbes d'audience de mes passages en télé marquaient des pics constants. J'ai eu une productrice formidable pendant deux ans chez Stéphane Bern, qui m'a préservé, protégé, contre la pression des annonceurs, dont la grosse majorité était pointée du doigt, toutes les semaines, dans mes reportages et mes interventions. La chaîne a cependant fini par me faire comprendre que ce n'était pas possible : dans un programme « *feel good* », je ne devais pas être aussi sombre et vindicatif.

Je suis sorti de la lumière médiatique en 2018, avec le statut bien identifié, désormais, de lanceur d'alerte.

Quand j'ai travaillé sur *Et si on arrêtait d'empoisonner nos enfants ?*, je me suis passionné pour l'alimentation, qui avait déjà occupé un rôle majeur dans ma vie d'athlète de haut niveau, et j'ai approfondi mes connaissances concernant l'extraordinaire pouvoir du microbiote : il conditionne 70 % de notre immunité. Or les antibiotiques, les pesticides et les organismes génétiquement modifiés (OGM) ont une action délétère sur son équilibre. Et ce sont précisément ces trois poisons que l'on retrouve dans les protéines animales, puisque le bétail est nourri presque partout dans le monde par des céréales provenant d'Amérique du Sud, génétiquement modifiées et saturées d'intrants chimiques. En fait, 80 % de la production mondiale des antibiotiques est destinée à l'élevage industriel. L'essentiel des trois principales monocultures (blé, soja, maïs) recouvre plus de 70 % des terres cultivées, et ce dispositif, destiné essentiellement à nourrir le bétail, est la première source de production de gaz à effet de serre (15 %), juste devant l'industrie du transport (13 %). L'industrie de la viande, classée par l'Organisation mondiale de la santé (OMS) en 2015 dans les cancérigènes probables – au même titre que l'amiante –, ne menace pas seulement notre santé, elle est aussi la première cause du réchauffement climatique. Tout est lié. Et ça ne s'arrête pas là. Nous consommons sans réfléchir, sans interroger nos actes, sans en questionner les conséquences. Les ressources paraissent infinies. Ça semble aller de soi de manger une entrecôte, de tirer une chasse d'eau, de consulter Internet.

Mais, en fait, produire, c'est toujours détruire de la nature.

Tous nos déplacements, toutes nos constructions, tous nos aliments, tous nos vêtements nécessitent de l'énergie. Or 85 % des échanges effectués sur la planète résultent de l'exploitation du pétrole. Le pétrole est le sacro-saint pilier de cette « croissance ».

En 2006, selon toutes les études fournies par les grandes multinationales, nous avons atteint le pic de possibilité d'extraction de cette énergie fossile (pétrole conventionnel). La manière dont nous traitons notre corps, la manière dont nous l'alimentons, la manière dont nous préservons la planète, tout se répond, oui.

Mais avant d'aller plus loin, de faire l'état des lieux de manière simple, en essayant d'être factuel et pragmatique, j'aimerais commencer par vous dire à quel point j'aime les gens, à quel point j'aime l'être humain.

Ce n'est d'ailleurs pas un hasard si j'ai décidé de consacrer une partie de mon existence aux autres en devenant coach.

C'est ainsi que je me suis mis à écrire et que je me suis mis à réfléchir pour améliorer la vie de ceux dont je m'occupais, avec l'espoir naïf et fou de les réconforter, de les aider, voire de les réparer, comme j'aurais tellement voulu qu'on le fasse pour moi. J'ai chaque fois essayé de leur apporter du bonheur – ou quelque chose qui y ressemblait.

J'étais habité par la conviction profonde que ce que je traînais au fond de moi, mes blessures, mes colères et ma honte, était en réalité ce que j'avais de plus précieux.

Je parle ici en qualité de témoin, de citoyen, de passeur.

Et je le fais avec d'autant plus de conviction et d'offensivité que mon parcours est loin d'être exemplaire.

J'ai été aux confins d'expériences limites dans le sport comme dans la vie. J'ai picolé, pris des substances, des drogues, des anxiolytiques, pour mieux supporter le quotidien, parce que le monde dans lequel on vit me fait peur, parce que les autres me font peur, parce que je suis seul et que cette solitude, tout à la fois, me fonde et m'effraie.

Ceux qui connaissent ces grandes traversées du négatif sont forts d'un fond tragique, mais sont souvent, aussi, du côté de l'enthousiasme : ils ont le sens du combat, de la joie du combat.

De la faiblesse naît la noblesse.

Je crois que ce qui nous manque aujourd'hui, c'est oser être vulnérable.

Je crois que ce qui nous manque aujourd'hui, c'est oser être vulnérable, accepter cette part d'incertitude qui nous permet de penser les choses autrement et de remettre en question le monde, tel qu'on le connaît, pour mieux le saisir, tel qu'il devient.

Aujourd'hui, tout nous pousse à être seuls, tout nous pousse à ne surtout pas nous réunir et réfléchir ensemble.

Notre planète est au bord du collapse.

Tout le monde le sait, personne ne le croit.

À l'échelle géologique, la vie a déjà disparu cinq fois de la surface de la planète. Mais aucun être humain ne peut imaginer que cela puisse à nouveau advenir.

C'est – littéralement – inenvisageable.

Nous sommes pourtant entrés dans l'ère de la sixième extinction.

L'homme disparaîtra probablement avant la fin de ce siècle.

Ce que personne en fait ne veut voir, c'est que l'espèce humaine dans ce qui la constitue – sa capacité à aimer, à se recueillir devant la beauté des choses, à se regarder et à se comprendre, à s'aimer et à se révolter – est déjà en train de disparaître. Et ce qui est saisissant, c'est la propension de chacun à se soumettre ainsi à ce qui prétend nous annihiler, à consentir, et même à collaborer à notre propre disparition. Comme le disait le médecin et psychanalyste Wilhelm Reich : « *La vraie question n'est pas de savoir pourquoi les gens se révoltent, mais pourquoi ils ne se révoltent pas.* » Et quand ils le font – comme on l'a vu dernièrement avec les Gilets jaunes –, on sent bien que si la colère est réelle et légitime, les revendications, elles, sont dispersées et floues.

« La vraie question n'est pas de savoir pourquoi les gens se révoltent, mais pourquoi ils ne se révoltent pas. »

Wilhelm Reich

La lutte pour la survie de la planète est un combat bourgeois, nous dit-on ? On ne peut pas penser à la fin du monde si on ne sait pas comment finir son mois ? Peut-être.

Il n'en demeure pas moins qu'opposer ces luttes peut se révéler catastrophique.

Dans nos sociétés, tout conspire à nous faire croire qu'on est immortel. La maladie, la vieillesse et la mort sont éradiquées de notre champ de vision, nous sommes entrés dans une psychose collective, un délire de toute-puissance, qui veut nous faire croire que nous pouvons consommer de manière infinie dans un monde fini.

Nous courons à notre perte.

Mais nous pouvons changer les choses, ensemble.

Nous en avons le pouvoir. Nous, et nous seuls.

Aucune institution, aucun État, n'est en mesure aujourd'hui de saisir par les cornes le monstre qui nous menace et de prendre les décisions radicales qui nous permettraient de prévenir la catastrophe et de sauver la planète.

Le seul moyen de renouer avec notre humanité aujourd'hui passe par le renoncement et la désobéissance.

Le seul moyen de renouer avec notre humanité aujourd'hui passe par le renoncement et la désobéissance.

J'ai été le premier à dénoncer les conditions de vie des coureurs cyclistes, l'empoisonnement collectif et systématique qu'était le dopage. Jusque dans ma manière d'envisager le « mieux-être », je me suis inscrit, je crois, à ma manière, dans l'héritage posthippie de Jerry Rubin et de son bréviaire révolutionnaire, *Do it !* Je crois, profondément, en la capacité de subversion de chaque individu. Et aujourd'hui, justement, j'en appelle à la responsabilité de chacun.

Cela suppose un « désobéir ensemble », c'est cela qui pourra, comme le dit le philosophe Frédéric Gros, « *faire battre le cœur du contrat social* », redonner corps « *à l'occasion d'une contestation commune, au projet de faire société au-delà des institutions qui s'attachent surtout à se perpétuer elles-mêmes* ». Dans une société qui abolit toute aventure, nous dit encore Jerry Rubin, « *la seule aventure possible, c'est l'abolition de cette société* ». Nous y voilà. Notre plus grande force réside dans le fait que nous n'avons plus rien à perdre.

Je le redis : de la faiblesse naît la noblesse.

Du pire peut éclore le meilleur.

Et parce que les choses ne valent que si elles sont partagées, commençons par partager ce constat terrible, et décidons ensemble d'agir. Nous sommes en mesure de changer les choses. Nous en avons le pouvoir. Notre espèce a aujourd'hui le devoir de mériter son appellation d'espèce « humaine ».

Avec ce livre, que je rêve offensif et enthousiaste, j'aimerais inviter tout le monde à la prise de conscience et au combat. Parce qu'il est aujourd'hui crucial de sortir du déni, de l'ignorance volontaire dans laquelle notre société, l'histoire, la torpeur abstraite de la finance mondialisée nous ont plongés.

Notre siècle encore neuf peut devenir celui d'une révolte inédite. Nous avons les moyens de nous mobiliser, de choisir de ne pas abdiquer et, surtout, de ne pas continuer de collaborer à notre perte. J'aimerais montrer ce qu'on peut faire, très concrètement, pour renverser le cours tragique des choses avant d'être saisis, comme les habitants de Pompéi, dans la lave et le feu du désastre. Chacun d'entre nous doit redécouvrir, individuellement, sa puissance intime, rebelle, son humanité dans ce qu'elle a de plus singulier, de plus vital, pour que nous puissions, tous ensemble, agir.

« *We can be heroes* », disait Bowie.

Ça tombe bien, il s'agit de sauver le monde.

Alors, allons-y.

I-APOCALYPSE NOW

« De la terre heureuse,
tu as fait un enfer. »

William Shakespeare

Les facteurs de l'apocalypse à venir

De la terre infatigable aux ressources épuisées

À lire *Une brève histoire de l'humanité* de Yuval Noah Harari, pendant 2,5 millions d'années, les hommes se sont nourris de cueillette – et non de chasse, contrairement à ce que l'image d'Épinal véhicule – sans se soucier de se fixer ou de s'enraciner nulle part. Ce mode de vie leur convenait, s'imposait comme une évidence, et suffisait à perpétuer ainsi tout un monde organisé et nomade. Puis, il y a environ dix mille ans, une partie d'entre eux s'est mise à exploiter certaines espèces animales et à entretenir la terre.

C'est ce qu'on a appelé la révolution agricole.

Toujours à lire Harari, cette évolution, qui semble rétrospectivement naturelle, est en fait une aberration historique : le mode de vie itinérant protégeait l'espèce humaine de la famine comme des maladies.

L'homme bénéficiait d'une alimentation adaptée à ses besoins, qui lui permettait d'assurer ses fonctions vitales et immunitaires, et d'une activité constante et exigeante qui lui assurait une santé préservant sa survie. Contrairement à certaines idées reçues et répandues, cette modification radicale de notre quotidien n'améliora pas notre vie. Il y a donc ici, dans cette sédentarisation, quelque chose qui fonde, pour des raisons profondes et difficilement interprétables, la raison d'être de notre condition.

Les liens de l'homme au travail de la terre sont historiquement mystérieux et intimes. Impossible de savoir pourquoi nous avons soudain aimé à ce point cette terre, appris à vivre en fonction d'elle.

Mais, pour la première fois, quand nous nous sommes organisés autour de ces repères inflexibles que sont devenues pour nous ces parcelles cultivables, une autre pulsation a rythmé nos jours, nous a offert la possibilité d'un équilibre neuf, d'une autre forme de sécurité et l'opportunité de découvrir le plaisir, l'oisiveté. Petit à petit, la terre nous est devenue aussi indispensable que l'air l'est aux poumons.

La nature s'étant depuis toujours caractérisée par sa capacité de renouvellement, les ressources de cette terre nous ont paru inépuisables. Et de fait, le monde paysan a exploité ces richesses avec douceur. Mais l'industrialisation de plus en plus intensive du système agricole a changé la donne.

Aujourd'hui, des millénaires et des millénaires plus tard, l'impensable advient : nos richesses se raréfient.

Comment avons-nous pu ainsi, ces deux derniers siècles, éreinter cette terre mère avec laquelle nous entretenions un rapport si intime et si sensible qu'il confinait au sacré ? Comment avons-nous pu à ce point nous éloigner de nous-mêmes ? Qu'avons-nous fait de notre monde depuis plus de deux siècles ?

Nous l'avons saccagé au nom du rendement, enivrés par les satisfactions matérielles indiscutables que nous a apportées la croissance. L'enrichissement est vite devenu notre raison d'être. Et la technique, le moyen le plus sûr d'asservir notre environnement, de nous permettre d'en tirer toujours plus, d'augmenter nos rendements, d'augmenter nos profits.

Le XXIe siècle sera celui de l'épuisement.

Le XXIe siècle sera celui de l'épuisement.

Comme le dit le philosophe Hans Jonas dans *Le Principe responsabilité*, pendant des siècles et des siècles, nous autres, fragiles mortels, nous sommes protégés de la nature par la technique.

Mais nos capacités techniques ont évolué au point qu'elles affectent aujourd'hui la base vitale de la nature.

Désormais, c'est la nature qu'il faudrait protéger de la technique.

Mais qui pourrait renoncer à ces moyens prodigieux, qui se retournent aujourd'hui contre nous ? Quand de nouvelles technologies apparaissent, il semble impossible à l'homme de ne pas s'engouffrer dans la brèche neuve et formidable qu'elles ouvrent.

L'homme est un Dr Folamour incapable de ne pas se laisser étourdir par le pouvoir démoniaque que lui offrent les sciences. Il le fait sans jamais vraiment prendre la peine d'envisager les conséquences de ces découvertes, ou, plutôt, il devient étrangement impuissant à y réfléchir, elles le dépassent, et la nécessité de les penser sur le plan philosophique ou éthique semble soudain hors de sa portée.

Au cours de ces quarante dernières années, notre planète a perdu plus de 70 % des populations du vivant, dont 80 % des vertébrés.

Résultat, au cours de ces quarante dernières années, notre planète a perdu plus de 70 % des populations du vivant, dont 80 % des vertébrés.

L'Europe a vu disparaître plus de 400 millions d'oiseaux et plus de 80 % des insectes volants.

En 2030, un homme sur deux sera stérile dans les pays occidentaux.

En 2048, plus aucun poisson n'évoluera dans les océans…

Ce qui rythmait nos vies, ce qui en constituait la chimie secrète, ce qui nous reliait à la nature, tout cela n'est plus : nous l'avons abandonné.

En 2030, un homme sur deux sera stérile dans les pays occidentaux.

Nos campagnes sont désertées, c'est significatif.

Au XIXe siècle, la moitié de la population française était paysanne.

En 1950, 6,5 millions d'agriculteurs avaient la charge de nourrir 40 millions d'habitants.

Aujourd'hui, ce sont 600 000 agriculteurs qui voudraient subvenir aux besoins de 70 millions d'individus.

Or ces agriculteurs ont été marginalisés et mis hors circuit de la compétitivité par le jeu insidieux de la mondialisation. Le recensement agricole (RGA), qui se fait tous les dix ans, nous apprend qu'entre 1988 et 2010 la France a perdu trois paysans sur quatre.

Il faut appréhender cet exode comme un symptôme.

Le paysan est devenu une figure maudite et folklorique.

Pourtant, quand on va à leur rencontre, quand on prend la peine de leur parler, d'essayer de comprendre leur vie, on se rend compte de l'âpreté du quotidien qui est le leur, et des efforts qu'ils produisent, jour après jour, pour essayer de faire valoir l'importance des ressources locales face au Léviathan mondialisé. Ils essaient coûte que coûte d'opposer à la globalisation contemporaine la force concrète des territoires restreints. Leur tâche est noble, concrète : ils continuent de travailler la terre dans la fatigue et la rigueur, de la retourner, d'épouser ses humeurs jusqu'à l'épuisement… Leurs mains se sont transformées à force d'œuvrer sans relâche, elles ont durci jusqu'à devenir sèches et rêches et ressembler à leurs propres outils.

Ils sont les esclaves de nos temps contemporains, se tuent littéralement à la tâche avec un mélange de dévotion rageuse et de désespoir dont nos villes n'ont plus idée. Le revenu moyen annuel d'un agriculteur en France se situe entre 13 000 et 15 000 euros, mais un tiers d'entre eux touchent moins de 350 euros par mois. Ils n'ont jamais de vacances. Ils travaillent pour la plupart à perte sept jours sur sept, sous perfusion des primes de la politique agricole commune (PAC) européenne, qui contrebalancent vaille que vaille les effets d'un marché planétaire tyrannique et injuste. C'est le corps de métier qui compte le plus de suicides par an.

Le paysan était originellement celui qui utilisait la terre et ses ressources, en la préservant, il en était à la fois l'exploiteur et le gardien, il entretenait avec elle un lien vivant et sensuel – presque païen. Il prélevait des sols ce dont il avait besoin pour vivre. Ni plus ni moins. Cela participait de l'équilibre des écosystèmes, il agissait avec la terre en connivence et en douceur. Aujourd'hui, cette figure du paysan-chaman est morte.

Avec l'industrialisation intensive des années 1950, le recyclage des produits chimiques de l'économie de la Seconde Guerre mondiale, convertis par exemple en pesticides, le paysan est devenu à son corps défendant un empoisonneur, l'ennemi principal des ressources qu'il exploite.

Aujourd'hui, il intoxique et asphyxie ses champs.

Le plus effrayant, c'est que ce qui les rend de plus en plus rentables, dans le même temps, les détruit.

C'est de cette perversion des valeurs que souffre notre monde rural. Aujourd'hui, nos campagnes ont perdu 70 % de leur biodiversité. L'ingénieur agronome Claude Bourguignon l'a démontré : il y a bien longtemps qu'on ne fait plus à proprement parler de culture en Europe, on gère de la pathologie végétale, en essayant de maintenir en vie des plantes qui ne demandent qu'à mourir tellement elles sont malades.

Prenons l'exemple du blé : en 1940, on n'utilisait quasiment aucun intrant chimique pour le cultiver. Désormais, c'est trois, voire quatre applications de pesticides qui sont effectuées chaque année au moins, sous peine de voir le blé pourrir avant même d'arriver dans le silo. Il fait un tiers de sa taille originelle, il n'est plus blond ni or, il est devenu gris, et ne possède presque plus de propriétés nutritives. Au contraire, à force de croisements et de modifications, il présente une hyperconcentration de gluten, c'est-à-dire qu'au lieu de nous nourrir, petit à petit, cette céréale ancestrale, notre mère nourricière, notre « sacré pain quotidien », nous empoisonne.

La situation des paysans aujourd'hui illustre de manière saisissante les résultats concrets des politiques inconséquentes menées par ces dirigeants qui tentent de préserver désespérément un modèle frappé d'obsolescence et, pour tout dire, déjà mort. Un modèle fondé sur le principe de croissance et qui repose sur une énergie elle aussi en voie de disparition : le pétrole.

Le pétrole : *There will not be blood anymore !*

Nous entretenons des liens étranges avec le pétrole : c'est à la fois l'énergie qui nous permet de maintenir notre modèle civilisationnel et de jouir d'un confort inestimable, mais c'est aussi le cancer qui ronge notre monde. Sa découverte et son utilisation sont les racines du mal, c'est avec lui que commence l'explosion des gaz à effet de serre. Mais c'est une ressource noire aux pouvoirs si prodigieux, dont nous sommes devenus par ailleurs structurellement dépendants. Et à moins de rêver d'un retour au XIXe siècle, nous ne pouvons plus nous en passer.

Le pétrole est une source d'énergie prodigieuse, utilisée très tôt, dès l'Antiquité, pour le chauffage ou l'éclairage. Sa distillation permit assez vite d'en élargir encore les possibilités d'exploitation. On découvrit progressivement une manne inespérée, presque magique, une ressource naturelle aux pouvoirs inégalés qui allait non seulement devenir notre source principale de carburant (un plein d'essence brûlé permet de générer autant de puissance que quatre années de travail humain), mais aussi entrer dans la composition ou dans le proccessus de fabrication d'une infinité de produits : le plastique, le textile, la cosmétique, le détergent, l'engrais, les bitumes.

Bien que ce ne soit pas immédiatement perceptible, les années 1960 marquent le moment où l'on atteint le sommet du nombre de découvertes de champs pétroliers géants. À cette époque, le pétrole est encore « facile d'accès », on trouve régulièrement de nouveaux gisements, et un petit nombre de pays producteurs suffisent à pourvoir aux besoins et à la consommation mondiale. Mais la découverte de nouveaux puits se réduit de moitié dans les années 1970, puis à presque rien dans les années 1980.

En dépit de cette évolution, le monde a pompé du pétrole comme si l'avenir n'existait pas. Il est devenu petit à petit entièrement dépendant de cette énergie et l'otage volontaire de son pouvoir infini et totalitaire.

On s'en est rendu compte au moment du premier choc pétrolier en 1973, puis du deuxième, en 1979.

Ces deux moments créent pour la première fois un doute sur la sécurité des approvisionnements. En fait, on mesure mal que, sans pétrole, le cœur de notre monde s'arrête.

Le pétrole règne, partout. C'est une énergie souveraine.

Tout est pétrole.

Notre monde tel que nous le connaissons, tel que nous le pratiquons, tel que nous l'habitons, serait réduit à néant sans pétrole.

85 % des échanges et 98 % des déplacements humains reposent sur lui.

Tous les échanges économiques, l'ensemble du commerce mondial, même nos infrastructures et nos services publics dépendent de cette énergie fossile.

La découverte des possibilités de déclinaison de cette matière première, la plasticité merveilleuse de sa nature, ont plongé les chercheurs puis l'économie mondiale dans une euphorie unique, un vertige, une ivresse : l'émergence puis l'exploitation de cet « or noir » ont été un vecteur de progrès extraordinaire dans tous les domaines, et, là encore, notre monde est entré dans l'illusion réconfortante que ce progrès serait infini.

Or, quoi que nous fassions, chaque fois que nous produisons quelque chose, que nous consommons, nous détruisons de la nature.

Produire, c'est consommer de la nature. Nous devrions toujours le garder à l'esprit.

Il s'agit donc pour nous d'explorer l'ambiguïté de notre rapport à cette ressource naturelle, et l'impasse dans laquelle va nous mener cette hyperdépendance. Pour reprendre une expression du journaliste Olivier Raguenes, « *nous sommes enfermés dans un paradoxe carboné* ».

De plus, depuis le XIXe siècle et la première révolution industrielle, la combustion fossile s'accélère, et la concentration de CO_2 dans l'atmosphère impacte l'environnement et provoque comme on le sait le réchauffement climatique. Le pétrole mérite bien son nom d'« or noir ». Il est un poison dont notre civilisation ne peut plus se passer. Et chaque litre brûlé ne fait que renforcer le phénomène.

Il y a de surcroît un décalage intangible entre le moment de sa combustion et celui de son impact sur la biosphère : ce n'est qu'au bout de quarante ans que les effets se font ressentir.

Autrement dit, le réchauffement déjà observé aujourd'hui est provoqué par les émissions de gaz à effet de serre de nos grands-parents.

Et ce qu'on consomme aujourd'hui n'aura d'effet qu'en 2050. Comment alors faire entendre raison à quelqu'un qui produit impunément des gaz à effet de serre dont il ne verra certainement jamais les effets de son vivant ? On pourrait les comparer aux accros de la *junk food*, qui vivent dans l'ignorance du cancer qu'ils développent et qui ne se déclarera que vingt-cinq ans plus tard.

En 2017, les émissions de CO_2, méthane et protoxyde d'azote ont atteint des records. Jamais, depuis 66 millions d'années, autant de gaz polluants n'avaient été rejetés en aussi peu de temps. C'est d'ailleurs un des facteurs qui inquiètent le plus les scientifiques. L'accélération vertigineuse des changements climatiques et leur effet domino.

Ce record d'émissions démontre, de manière indiscutable, que ce sont bien les activités humaines qui provoquent et aggravent la détérioration de notre écosystème.

Il faut arrêter de se laisser imposer la fiction selon laquelle ces bouleversements seraient le fruit de phénomènes naturels, comme ce fut le cas par le passé lors des cinq extinctions précédentes. Le pétrole est le sang qui à la fois irrigue et intoxique le cœur de notre monde.

Et ce cœur va s'arrêter de battre.

Alors il ne s'agit pas d'espérer découvrir de nouveaux puits, bien sûr, sa raréfaction peut être paradoxalement providentielle, mais si on ne rêve pas d'un monde à la Pierre Rabhi où tout le monde redevient paysan, si on n'entre pas dans la logique radicale des survivalistes, qui rêvent d'un « retour au sauvage », alors il faut employer toutes les ressources pétrolières dont nous disposons encore pour assurer la transition énergétique.

2006

2006. Cette date est cruciale. Elle marque un tournant civilisationnel.

En 2006 a été atteint le pic d'extraction du pétrole conventionnel, c'est-à-dire le seuil maximal de possibilité d'exploitation de cette huile précieuse.

Désormais, il est entendu par l'ensemble des acteurs de cette industrie que nous ne pourrons plus jamais en puiser autant.

À ce titre, Jean-Marc Jancovici, l'un des fondateurs de l'association The Shift Project qui vise à atténuer les effets du changement climatique, souligne un point intéressant : à partir de là, la quantité totale d'hydrocarbures dont l'Europe dispose diminue d'environ 2 % par an en moyenne, c'est-à-dire qu'elle a baissé de 16,5 % entre 2006 et 2013.

Néanmoins, certains optimistes, un peu déprimants, seraient tentés de parier qu'on découvrira toujours de nouveaux bassins, qu'il n'y a pas lieu d'être alarmiste.

Et, de fait, on en trouve.

L'homme est un forcené qui traque ce qui risque de lui manquer partout, tout le temps. Il crée et invente ce dont il a besoin à partir de rien, quitte à faire suinter des cailloux, à surexploiter les fonds marins, à traiter du sable visqueux jusqu'à le transformer en énergie combustible. Le pétrole aujourd'hui est coupé, corrompu, sale, il est de plus en plus coûteux à extraire et n'a plus rien à voir avec celui dont on jouissait encore dans les années 1980 et 1990, mais il continue d'être produit sous des formes dites « non conventionnelles ».

Ce n'est bien sûr pas sans conséquence.

Le signe le plus patent de la crise et de la pénurie à venir réside dans le fait que la plupart des fonds d'investissement se désengagent du secteur, en tout cas sous sa forme dite donc « non conventionnelle », et que, par manque d'apport financier, les prospections sont de moins en moins poussées.

À terme, personne ne peut nier que le pétrole va manquer.

En 2019, selon Jean-Marc Jancovici et de nombreux experts, nous avons également atteint le pic d'extraction des hydrocarbures non conventionnels.

Mais là non plus personne ne prend pourtant véritablement conscience de la situation. Tout va aller vite, de plus en plus vite. Et cette accélération nous conduit vers un écueil qui s'annonce comme la plus grande tragédie de l'histoire de l'humanité.

Pourquoi ? Parce que l'extraction même de l'hydrocarbure nécessite, elle aussi, de l'énergie. Et si elle se met à manquer, que se passe-t-il ? Plus rien ne bouge.

C'est implacable.

Or la piste des ressources alternatives dites « renouvelables » se révèle elle aussi être une impasse. Aucun autre combustible, que ce soit le gaz, le bois, le charbon ou encore l'uranium, n'offre les qualités du pétrole, beaucoup plus facile d'usage. De surcroît, ces mêmes matières premières approchent, elles aussi, inexorablement, de leur pic d'extraction.

À ce stade, il devient important de souligner que l'exploitation d'énergies nouvelles dépend, elle-même, de l'utilisation du pétrole.

La disparition progressive de ce carburant entraînera, en conséquence, la disparition des solutions alternatives. Bien sûr, cette disparition sera progressive et mettra des années à redistribuer les cartes des rapports géopolitiques.

Pour bien comprendre la dynamique perverse, l'impasse asphyxiante dans laquelle la raréfaction du pétrole nous piège, il faut prendre la pleine mesure de ce que coûte et nécessite le simple fait de l'extraire.

C'est une question de bon sens.

Si les infrastructures, la main-d'œuvre, l'énergie combustible utilisée pour obtenir le fioul deviennent plus importantes que l'énergie qu'on retire de nos sols épuisés, l'idée même du forage devient inepte.

Pour être plus clair et vous permettre de mieux comprendre l'idée, il existe une unité de mesure pour analyser ce rapport entre l'énergie produite et l'énergie engagée, cela s'appelle le taux de retour énergétique (TRE).

Prenons l'exemple des États-Unis.

En 1900, le pays jouissait d'un époustouflant TRE de 100/1.

C'est-à-dire que, pour 1 unité engagée pour l'extraire, on en recueillait 100.

Il s'est aujourd'hui crashé à 11/1

Or un TRE acceptable pour soutenir le modèle civilisationnel qui est le nôtre – que ce soient nos services publics ou notre mode de vie – doit se situer entre 12/1 et 13/1.

La mauvaise nouvelle ?

Toutes les autres énergies, qu'elles soient fossiles ou « renouvelables », ont aussi un TRE, et les résultats sont inquiétants. Je vais simplement me contenter de vous communiquer le TRE de deux énergies renouvelables :

Le développement du solaire aux États-Unis a un TRE de 3,3/1.

L'éolien ? Un TRE de 3,8/1.

Ces chiffres sont effroyables.

Nous sommes confrontés à une réalité ironique et terrible : les énergies renouvelables ne seront jamais en mesure de pallier la disparition des énergies fossiles, précisément parce qu'elles ne peuvent pas ne pas dépendre de ces énergies fossiles.

À moins d'avoir le courage de consacrer, au cours des prochaines décennies, l'essentiel de la production du pétrole à la fabrication d'énergies alternatives (qui, elles, sont gratuites, comme le soleil, le vent, les courants marins) – ce qui d'un point de vue économique et politique est inenvisageable –, nous nous dirigeons vers le chaos.

Nous approchons déjà d'un TRE qui va nous mener en dessous du minimum vital, celui qui nous permet de soutenir notre mode de vie actuel – qui s'est mondialisé.

Quand je vous parle d'un TRE acceptable, c'est d'un TRE capable de soutenir l'ensemble des besoins dont notre monde moderne est dépendant : l'industrie agroalimentaire, l'acheminement de ses produits jusqu'à nos villes par exemple, l'ensemble de nos dispositifs sanitaires, les systèmes de chauffage et de climatisation, la construction de nos habitats, la fabrication de nos vêtements, les infrastructures étatiques au sens large (sécurité sociale, hôpitaux, justice, éducation, équipement, autoroutes, etc.).

Un TRE qui s'effondre à 5/1 par exemple – et à ce rythme, cela pourrait arriver en moins de vingt ans –, et c'est tout simplement notre monde qui explose.

Prenons Paris par exemple : chaque jour, des milliers de chauffeurs routiers approvisionnent la capitale en denrées. Ils renouvellent les stocks. Si ce fameux taux de retour énergétique s'effondre, de nombreux scientifiques prédisent alors une tétanie totale des échanges commerciaux et une immobilisation absolue de l'ensemble des transports (convois commerciaux, véhicules particuliers) et des institutions.

Entre trois et cinq jours, c'est une véritable pénurie qui frapperait toutes les grandes villes : plus aucun magasin de grande distribution, plus aucune échoppe ne disposerait de la moindre réserve de nourriture. Il n'y aurait plus de vol long-courrier. En quelques mois, voire quelques semaines, même nos moyens de communication – qui eux aussi consomment beaucoup d'énergie fossile – se verraient neutralisés : plus de réseaux téléphoniques, plus d'Internet. On peut alors présager qu'un nouveau monde émergerait : les 0,1 % de la population les plus privilégiés anticiperaient et s'organiseraient pour mettre en place une économie parallèle qui leur permettrait de maintenir un mode civilisationnel dont la plupart des gens seraient naturellement exclus.

Déjà, plusieurs milliers de millionnaires, à travers le monde, se sont exilés dans des zones privilégiées et isolées, dans des bunkers autonomes gardés et sécurisés par des gardes armés.

Peut-on simplement l'envisager ?

C'est avec nostalgie que nous évoquerons le temps où nous conduisions une voiture, partions en voyage. Très vite, la famine sévirait, plus personne ne pourrait se déplacer. La violence urbaine flamberait. Nous pouvons projeter que la situation dans laquelle l'assèchement et la disparition du pétrole nous précipiteraient relèverait des scénarios des pires films d'anticipation, il soufflerait dans le paysage un vent purement apocalyptique.

Ça n'a rien d'une lubie : la NASA et l'ONU pensent que ce collapse va se produire dans moins de vingt ans. Précisons en outre que la plupart des plus grandes majors du pétrole planchent depuis des décennies sur ces sujets qu'elles tentent vainement de garder secrets.

Bien sûr, les énergies renouvelables pourraient être une solution, mais pas en l'état actuel des choses. Jancovici l'explique très bien : si l'on peut, sur le papier, envisager de recourir aux renouvelables pour l'électricité ou le chauffage, on voit difficilement comment on remplacerait le pétrole par du bois ou du vent pour faire du plastique. En fait, il est impensable de maintenir notre niveau de consommation par les « sources renouvelables ». Sur les 80 « millions de tonnes équivalent pétrole » (Mtep) de consommation de l'industrie, seuls 30 pourraient être fournis par le renouvelable, mais au prix d'une multiplication par trois des lacs de barrage en France – ce qui n'est techniquement pas possible d'après EDF – et une fraction minoritaire de la chaleur (50 Mtep) pourrait être fournie par le bois, la géothermie, et le solaire dans le sud de la France. Il y a donc bien des perspectives. Mais ne plus avoir de pétrole ou de gaz naturel comme matière première pour la chimie conduirait à une baisse des productions dont Jancovici admet ne pas connaître l'ampleur ; il dit néanmoins qu'« *une division par n'importe quoi entre 2 et 10 paraît plus probable qu'une diminution de 5 %* ». En résumé, dans l'état actuel de la connaissance scientifique, rien ne nous permet d'espérer que le « renouvelable » puisse remplacer les énergies fossiles pour soutenir notre modèle de civilisation occidental (transport, industrie, agriculture, chauffage résidentiel, eau chaude, etc.).

À moins de consacrer une part significative de nos réserves de pétrole et d'énergie fossiles (gaz et charbon) dans un développement massif d'énergies renouvelables et de les mixer avec le nucléaire, rien d'autre dans l'état actuel de la science ne nous permettra de soutenir notre société telle que nous la connaissons depuis un siècle.

Nous nous devons ici de faire face à ce terrible constat, ensemble : l'abondance matérielle suppose pour commencer la production de masse d'acier, de béton, etc. Or elle est proprement impossible, au niveau que nous connaissons, sans pétrole. Et ce pétrole va disparaître.

De moins en moins de ressources et une planète de plus en plus surpeuplée ?

Tous les quatre jours, 1 million de personnes naissent sur cette planète, alors qu'environ 635 000 meurent. La population mondiale devrait augmenter d'encore un tiers, c'est-à-dire franchir le cap des 10 milliards, en 2050 et atteindre un chiffre situé entre 12 et 14 milliards en 2100.

Mais les experts s'opposent sur cette question : l'ONU prévoit que l'explosion démographique constatée au XXe siècle se poursuivra. Elle justifie ces prévisions par le taux de naissances exponentiel des pays émergents et l'allongement de l'espérance de vie des pays développés. Néanmoins, les Nations unies fondent leurs calculs sur des paramètres qui ne questionnent à aucun moment les paradigmes rois du siècle dernier : ceux de la croissance et de l'abondance du pétrole.

Tous les quatre jours, 1 million de personnes naissent sur cette planète, alors qu'environ 635 000 meurent.

Or, comme nous venons de le montrer, nous savons désormais que le pic du pétrole est atteint et dépassé, et que cette énergie commence à être coûteuse à extraire.

Elle est à terme condamnée à disparaître.

Dennis Meadows, qui a été le premier à alerter en 1972 dans le fameux rapport qui porte son nom des effets de l'exploitation du pétrole sur le climat, bat en brèche les théories de l'ONU, qui sont selon lui caduques. Et ses thèses me semblent plus plausibles et empreintes de bon sens.

Sa méthode de calcul probabiliste tient compte de l'évolution de nos écosystèmes et conduit selon lui à un déclin irréversible de la démographie entre 2030 et 2040.

Il est difficile de trancher sur ces questions, mais la thèse de Meadows paraît plus convaincante, moins mécaniste en tout cas, que celle défendue par l'ONU.

Ce qu'on ne mesure pas, en fait, c'est à quel point le XXe siècle – et ce notamment à cause du pétrole – aura été le siècle de l'empoisonnement : l'empoisonnement de la biosphère, l'empoisonnement des organes et des corps (surtout ceux des individus nés après 1960) et, d'une certaine manière, mais nous y reviendrons, l'empoisonnement de la pensée.

Nous avons, après guerre, construit un monde et favorisé le développement d'un environnement hautement toxique : l'agriculture, l'élevage industriel, l'alimentation dénaturée, conditionnée, saturée d'additifs, de conservateurs, de pesticides, et même maintenant de nanoparticules. Mais aussi l'urbanisme : faut-il rappeler que la politique de construction extensive menée à partir des années 1950 a mobilisé un certain nombre de matériaux – pour isoler ou décorer – remplis de plomb, d'amiante, de perturbateurs endocriniens ? Il en est de même pour certains de nos vêtements, de nos savons ou crèmes cosmétiques, de nos produits ménagers.

Nos vies sont viciées.

Tout y est altéré, contaminé, et nous baignons dans ce milieu comme dans un liquide amniotique dont nous renaîtrions malades, sans le savoir.

En Europe, 100 000 enfants meurent chaque année d'une maladie causée par l'environnement.

Ce qui est malsain est devenu, au cours de ce siècle monstre qu'a été le XXe siècle, la norme, un biotope paradoxal, notre eau.

C'est un univers toxique et asphyxié, mais il nous est devenu naturel : nous avons appris à le respirer, à le pratiquer, à y épanouir nos cancers, nos tumeurs malignes, nos pathologies mutantes ; mais au fond peu importe puisque nous investissons dans la recherche !

Nous continuons de nous repaître du fait que nous vivons plus vieux et d'y voir un progrès en soi.

Nous déplorons les effets dont nous chérissons les causes.

Conséquence sur la démographie : en 2030, un homme sur deux sera stérile dans les pays occidentaux. Déjà, les problèmes de fécondité chez la femme augmentent d'année en année. Les travaux du professeur Belpomme ont mis en évidence une accélération très préoccupante des pathologies infantiles : en Europe, 100 000 enfants meurent chaque année d'une maladie causée par l'environnement.

Depuis trente ans, les cancers touchant les enfants augmentent de 1,1 % par an. 70 % des cancers sont liés à l'environnement (pollutions alimentaires et environnementales).

70 % des cancers sont liés à l'environnement.

En 2030, près de 30 % de la population mondiale sera obèse et l'espérance de vie d'une personne souffrant d'un tel surpoids sera significativement réduite en raison d'une surexposition aux maladies inflammatoires.

Pour la première fois, ces dernières années, des pays comme les États-Unis, la France ou l'Angleterre ont même vu leur espérance de vie reculer.

Pour autant, qu'on soit dans une appréhension décliniste ou expansionniste de la vitalité démographique mondiale, l'évolution des différentes activités et des modes de vie des gens n'a jamais eu autant d'impact sur le climat.

Si 7 milliards d'individus tendent à uniformiser leur façon de consommer, ce qui n'est pas encore le cas aujourd'hui (par exemple un Américain pollue 91 fois plus qu'un habitant du Bangladesh), il faut quand même savoir qu'en 2017 les émissions de CO_2, de protoxyde d'azote et de méthane ont atteint des records : en 66 millions d'années, jamais autant de gaz à effet de serre n'ont été rejetés dans l'atmosphère. Mesurez-vous l'importance de ces chiffres alarmistes ?

Un Américain pollue 91 fois plus qu'un habitant du Bangladesh.

Les niveaux de CO_2 sont environ 2,5 fois supérieurs à ceux d'avant la révolution industrielle.

L'Organisation météorologique mondiale (WMO), dans son dernier bulletin des émissions des gaz à effet de serre dans l'atmosphère, nous apprend que ceux-ci ont augmenté de 41 % depuis 1990.

Autant les regarder dans les yeux et l'affirmer avec force : les climatosceptiques sont des négationnistes, des criminels ou des vendus.

Un Américain produit 17 tonnes de CO_2 par habitant contre 5 tonnes pour un Chinois et 6 tonnes pour un Français. Il est évident que, si ne serait-ce qu'un quart de plus de la population mondiale se mettait à consommer de la même manière qu'un Occidental, la fin du monde serait pour demain. En tout cas, avant 2100, il n'y aurait plus de vie aérobie sur Terre.

Les scénarios imaginés par les accords de Paris lors de la COP 21, qui brossent la perspective d'une augmentation de 2 °C d'ici 2050 de la température terrestre, sont en fait proprement irréalistes. Même les cas de figure médians (4 °C) paraissent aujourd'hui optimistes. Les prévisions les plus catastrophistes nous parlent d'une augmentation de 8 °C. Le GIEC, lui, continue désespérément de vouloir s'attacher à des perspectives optimistes de 2 à 3 °C pour ne pas nous faire perdre espoir.

C'est aujourd'hui pourtant le *worst-case scenario* que l'ONU et la NASA semblent accréditer, et retenir.

C'est aussi le message que 15 000 éminents spécialistes du climat ont tenu à envoyer, en une du *Monde*, sous le titre « Il sera bientôt trop tard ».

Or on sait déjà que le permafrost, ce cryosol des régions arctiques, subarctiques, et des hautes altitudes, qui maintient notre planète à température et nous protège d'un certain nombre de cataclysmes, ce sol sous-terrain, des pôles et des confins, qu'on croyait inattaquable et éternel, a commencé à fondre (une plaque de 200 km^2 s'est détachée récemment de cette calotte glacière). Ce phénomène, sans qu'on en prenne conscience, nous immerge dans un autre temps, un temps du XXIe siècle, un temps de terreur totale dans lequel nous sommes en train de nous engloutir tout en voulant pourtant continuer de l'ignorer : c'est la véritable bombe à retardement sous la glace et qui n'est pas prise en compte dans les modélisations du GIEC.

Nous y reviendrons en détail, mais le réchauffement climatique va provoquer une réaction qui va elle-même décupler le réchauffement climatique.

À partir de là, nous pouvons anticiper qu'à très court terme des zones entières de notre globe vont devenir radicalement invivables et favoriser des mouvements migratoires massifs, sans précédent.

Migrations massives

Un monde meilleur…

Il y a un lien direct entre la montée des températures, l'augmentation des précipitations et le niveau de violence constaté au sein d'une ville ou d'une région.

Il y a un lien direct entre la montée des températures, l'augmentation des précipitations et le niveau de violence constaté au sein d'une ville ou d'une région.

Le Center for American Progress, un think tank progressiste proche des démocrates, a publié en février 2013 une étude sur le « Printemps arabe et le changement climatique ». Le blog de l'Institut de recherche et d'études Méditerranée Moyen-Orient (Iremmo), abrité par Mediapart, explique que, dans une région aride, la question de l'approvisionnement alimentaire devient « *politiquement sensible* ».

En 2010 et 2011, un certain nombre de catastrophes naturelles se sont produites : des vagues de chaleur ou, au contraire, des nappes de grand froid, des pluies torrentielles ont fait tragiquement chuter le niveau des récoltes de blé en Russie, en Ukraine et au Canada.

Concomitamment, la Chine connaît un hiver exceptionnellement sec : le souvenir de grandes famines pousse le géant asiatique à conjurer la menace en achetant une quantité de blé faramineuse sur les marchés internationaux.

Le cours du blé explose.

Et ce sont en premier lieu les pays arabes qui se voient matraqués par cette fulgurante hausse des prix – parmi les dix plus grands importateurs de blé, huit sont situés au Maghreb et au Moyen-Orient. On mesure bien ici la dimension systémique de ces marchés mondialisés, nous y reviendrons très vite.

Alors, bien sûr, Barack Obama le soulignait dès 2015, ça n'est jamais l'unique cause des mouvements de masse ou des émeutes : « *Comprenez bien, les changements climatiques n'ont pas provoqué les conflits auxquels nous assistons dans le monde. Pour autant, nous savons qu'une sécheresse sévère a contribué à l'instabilité au Nigeria, qui a été exploitée par le groupe terroriste Boko Haram. Il est également clair que la sécheresse, les mauvaises récoltes et le prix élevé de la nourriture ont alimenté les premières manifestations en Syrie, qui se sont ensuite transformées en guerre civile.* »

C'est juste ce qu'on appelle un amplificateur de risques.

Dès 2007, le ministère de la Défense des États-Unis publiait un rapport prospectif qui annonçait que les effets prévus du réchauffement planétaire étaient en effet « *des multiplicateurs de menaces* » qui aggraveraient les facteurs de tension à l'étranger, tels que la pauvreté, l'instabilité politique et sociale, l'activité terroriste, l'exode.

143 millions de migrants climatiques d'ici 2050.

Dans ce contexte, un rapport de la Banque mondiale de mars 2018 évoque 143 millions de migrants climatiques d'ici 2050. La NASA parle de 450 millions et l'ONU de plus d'un milliard.

Quel que soit le cas de figure envisagé, cela relève de la tragédie.

Il est donc inutile et obscène de se lancer dans une querelle comptable. En ce qui concerne la question écologique, il n'y a qu'une chose à retenir et à comprendre, quels que soient les chiffres discutés : seul le pire est certain.

Jamais dans l'histoire de l'humanité la production de CO_2 n'a été aussi importante qu'en 2018. Même pour les climatosceptiques ou les négationnistes, il est indéniable désormais que ce réchauffement sans précédent est directement imputable aux activités humaines, puisqu'en seulement un siècle et demi les niveaux de CO_2 ont augmenté de plus de 40 %.

Le résultat de l'étude est profondément alarmant : même si la température de la Terre ne devait augmenter en moyenne que de 2 °C par rapport à l'époque préindustrielle, la température en été dans les régions les plus exposées augmentera de plus du double. Au milieu du siècle, pendant les périodes les plus chaudes, les températures ne tomberont pas en dessous de 30 °C la nuit et, pendant la journée, elles pourraient atteindre 46 °C.

À la fin du siècle, les températures de midi pendant les journées chaudes pourraient même grimper à 50 °C.

Une autre constatation : les vagues de chaleur pourront se produire dix fois plus souvent qu'aujourd'hui.

Or, ce qu'il faut bien comprendre, c'est que cette augmentation de la température terrestre est directement imputable à moins d'une centaine d'entreprises, notamment productrices de gaz, de pétrole, de charbon et de ciment. En moins de trente ans, l'industrie des énergies fossiles a pollué plus que l'humanité entière au cours des deux derniers siècles. À elles seules, 90 entreprises émettent 5 fois plus de CO_2 que la Chine.

En moins de trente ans, l'industrie des énergies fossiles a pollué plus que l'humanité entière au cours des deux derniers siècles. À elles seules, 90 entreprises émettent 5 fois plus de CO_2 que la Chine.

En un siècle et demi, la température moyenne de la planète a augmenté de plus de 1 °C, ce qui veut dire que, pour certaines régions du globe, elle s'est intensifiée de 5 à 7 °C, les rendant proprement invivables. Or l'ONG américaine Union of Concerned Scientists (UCS) affirme que ces 90 entreprises sont donc responsables de près de 50 % de la hausse de la température moyenne mondiale et de 30 % de l'augmentation du niveau moyen des mers observée depuis la fin du XIXe siècle.

Pour l'UCS, il faut alors prendre des mesures politiques radicales : impliquer le principe du pollueur-payeur.

C'est à ces entreprises de prendre en charge une partie des coûts faramineux du changement climatique.

Or ce principe est très mal appliqué, particulièrement en France. On mesure mal les conséquences à venir de cette incurie en termes politiques.

Un réchauffement compris entre 2,6 °C et 4,8 °C entraînerait l'arrivée de 660 000 demandeurs d'asile supplémentaires chaque année en Europe d'ici 2100. Ces populations, nous dit Dominique Pialot dans *La Tribune*, sont bien contraintes de quitter leur région en raison des conséquences directes du changement climatique, mais aussi à cause des conflits qu'elles engendrent.

Si tout continue à ce rythme, s'ajoutant aux 350 000 migrants annuels actuels, c'est un total d'un million de personnes qui se déplaceraient chaque année vers l'Europe.

Et ce ne sont ici que des estimations basses, dont on sait aujourd'hui qu'elles sont bien trop optimistes.

En 2015, les « Vingt-Huit » ont accordé le droit d'asile à environ 333 000 demandeurs, un chiffre en hausse de 72 % au regard de 2014.

Plus d'un million de migrants ont rejoint l'Europe cette même année et plus de 37 000 personnes sont mortes en traversant la mer Méditerranée, notre Grande Bleue, qui est en train de devenir un cimetière.

Alors, on le sent, partout la tension monte.

Et partout règne la peur : la peur du lendemain, l'angoisse du présent, un sentiment d'effroi diffus, celui de se faire avoir aussi, d'être trompé, de ne pas être entendu.

D'où vient cette impression qu'on ne comprend pas vraiment ce qu'on veut, ni ce qu'on vit, ni ce qui nous guette ?

Cette rage contre on ne sait quoi – ou, quand on croit le savoir, jamais satisfaite par le fait de s'exprimer – imprègne tout, et ne demande qu'à déborder ou à flamber. Elle est animée, au fond, par l'intuition que quelque chose d'énorme est en train d'arriver, mais quoi ?

On l'a vu, avec la crise des Gilets jaunes, commence à s'esquisser une ligne d'opposition désastreuse entre la survie des pauvres et celle de la planète.

Or le pétrole se raréfie et s'épuise, on sait que cette ressource va devenir un produit de luxe auquel n'auront accès qu'une minorité de privilégiés. Les inégalités vont encore se creuser plus durement et les premières victimes seront les plus démunis, ce sont également eux qui souffriront d'abord de l'arrivée massive des réfugiés climatiques sur nos territoires.

Ceux qui devraient par conséquent porter haut les couleurs de la cause environnementale, ce sont bien, au contraire, les classes populaires. Mais, à de rares exceptions près, toutes classes confondues, personne n'arrive à penser la nature paroxystique de ce que nous traversons.

Tout le monde est largué.

Cet intense chaos mental des citoyens ordinaires confrontés à une situation dont chacun sent qu'elle est extraordinaire, mais que personne n'arrive à définir, s'observe aussi dans les institutions et leur inaptitude à gérer ou même envisager les flux migratoires à venir.

C'est un impensé juridique complet.

Et ce vide trahit, plus cruellement encore, leur impuissance et leur irresponsabilité.

On l'a compris, l'un des enjeux fondamentaux et pourtant les moins discutés de la guerre civile syrienne à l'origine des déplacements de populations les plus massifs de ces dernières années n'est pas la politique meurtrière de la clique au pouvoir, mais la crise de l'eau au Moyen-Orient, dont les premiers symptômes se sont déjà fait sentir.

Un rapport du World Resources Institute, cité par *The Gardian*, montre qu'en 2011 – l'année où le conflit a éclaté – l'aridité et le rationnement, faisant suite à une sécheresse régionale sans précédent depuis neuf cents ans, ont provoqué en Syrie une vague migratoire qui a contribué « *très certainement* » aux troubles qui ont abouti à la guerre civile.

Ce conflit sera finalement responsable de 500 000 morts et de l'exil forcé de 5,4 millions d'habitants.

L'expérience du drame syrien nous permet de prendre la pleine mesure du fait que toutes nos anticipations, fondées jusqu'ici sur des mises en équation théoriques et abstraites du problème, n'auront pas résisté à l'épreuve du réel et à ses répercussions concrètes et catastrophiques.

Ce sont quelque 880 000 Syriens qui, entre 2011 et 2016, ont passé les frontières de l'Union européenne (UE), plus des deux tiers ayant été accueillis par l'Allemagne.

Au vu de ce qui nous attend, c'est dérisoire.

Le pays d'Angela Merkel, on le sait, est vieillissant, démographiquement atone, et a de surcroît besoin de main-d'œuvre. L'accueil de ces populations était donc politiquement justifiable et possiblement bénéfique.

Pourtant, ces mesures ont puissamment déstabilisé le pays, qui s'est tourné vers les extrêmes. Et, désormais, le pouvoir en place, pourtant stable depuis des lustres, doit composer avec elles au risque de se pervertir, de se fragiliser encore.

On imagine bien à partir de là que chaque fois qu'un gouvernement prétendra mener une politique d'accueil, humaine et juste, il devra faire face à la grogne des plus modestes, qui considéreront que ce parti pris relève d'un mépris de leur condition – voire d'une trahison.

Et ce n'est qu'un début.

À eux seuls, le Tigre et l'Euphrate, fleuves bibliques, berceaux de l'humanité, perdent plus d'eau que tous les fleuves du monde, le Gange excepté. 144 km^3 d'eau se sont évaporés entre 2003 et 2010 de leur bassin – soit le volume de la mer Morte.

Le CNRS indique qu'« *avoir accès à l'eau est devenu un enjeu économique puissant à l'échelle planétaire, qui pourrait devenir, dans le siècle à venir, l'une des premières causes des tensions internationales* ».

En mai dernier, la Banque mondiale à son tour, dans un rapport spécial sur le réchauffement climatique, a lancé une alerte : « *Environ 1,6 milliard de personnes – presque un quart de l'humanité – vit dans des pays souffrant d'une rareté physique en eau. D'ici vingt ans, ce chiffre pourrait doubler.* »

De la même façon que l'on parle d'or noir, il existe donc aujourd'hui aussi un or bleu. À l'heure actuelle, 80 pays sont en « stress hydrique » et une personne sur cinq n'a pas accès à l'eau potable sur la planète.

Or la désalinisation de la mer est encore coûteuse. On parle, du bassin du Nil à l'Asie du Sud-Est en passant par le golfe Persique, d'une « diagonale de la soif ».

Alors, combien de candidats à l'exil dans les vingt années qui viennent parmi les 500 millions de personnes qui peuplent aujourd'hui, par exemple, le Moyen-Orient ?

Pour répondre à cette question, des équipes ont étudié les données climatiques précédentes et utilisé vingt-six modèles climatiques différents afin d'anticiper la manière dont les conditions de vie dans ces régions allaient changer : on sait que la durée des vagues de chaleur en Afrique du Nord et au Moyen-Orient va se prolonger de façon spectaculaire.

Au milieu du siècle, il y fera exceptionnellement chaud quatre-vingts jours par an.

À la fin du siècle, jusqu'à cent dix-huit jours, et ce, même si les émissions de gaz à effet de serre diminuent à nouveau après 2040. « *Si l'humanité continue à libérer le dioxyde de carbone comme elle le fait maintenant, les gens qui vivent au Moyen-Orient et en Afrique du Nord auront droit à environ deux cents jours inhabituellement chauds par an* », explique Panos Hadjinicolaou, professeur associé à l'Institut de Chypre et spécialiste du changement climatique. L'équipe de recherche a également publié des résultats d'analyses portant sur l'augmentation de la pollution de l'air en particules fines dans ces régions. Ces résultats montrent que la poussière du désert dans l'atmosphère au-dessus de l'Arabie saoudite, de l'Irak et de la Syrie a augmenté jusqu'à 70 % depuis le début de ce siècle. C'est principalement dû à une augmentation des tempêtes de sable à la suite de sécheresses prolongées.

Les températures élevées, combinées avec la pollution de l'air et la poussière, pourraient alors forcer de nombreuses familles à émigrer en masse, pour trouver de meilleures conditions de vie.

Avec plus de 500 millions de personnes vivant dans la région, si des événements climatiques catastrophiques devaient se produire, cela pourrait déclencher une migration plus importante que jamais, ce qui aurait des effets incalculables. On peut s'en inquiéter quand on voit les problèmes auxquels l'Europe est actuellement déjà confrontée avec ses quelques centaines de milliers de réfugiés. Ce à quoi nous assistons n'est donc qu'un prélude. Et c'est là-dessus que surfent des personnages comme Steve Bannon. Parce que personne ne veut prendre politiquement en considération ces faits et les perspectives tragiques qu'ils ouvrent.

En l'absence de traité mondial encadrant les migrations, dont l'origine est pour le moment à chaque fois qualifiée de politique, quel sera le statut de ces migrants environnementaux ? Qu'est-ce qui caractérise et définit un réfugié climatique ? Qui aidera ces gens et les indemnisera ? Comment prouver le lien de causalité entre le changement climatique et leur déplacement ? Qui est responsable *in fine* ?

La question a commencé à se poser quand les premières victimes du réchauffement global sont apparues.

Bien sûr, explique François Gemenne, chercheur en sciences politiques, « *les mouvements de populations ont toujours existé dans l'histoire de l'humanité* ».

Mais, longtemps, les chercheurs et décideurs ont choisi de considérer que ce qui favorisait ou engendrait ces déplacements était de nature essentiellement économique ou politique.

Ce n'est qu'à partir des années 1970 que la relation entre dégradation de l'environnement et flux migratoire sera concrètement évoquée, tout d'abord dans les milieux écologistes, pour, dans un deuxième temps, se frayer un chemin dans les sphères plus académiques.

Les cas les plus emblématiques, qui ont permis de mettre le feu aux poudres, sont ceux des petites îles du Pacifique Sud, toutes vouées à disparaître sous les eaux, et que certains de leurs habitants voulaient fuir au début des années 2000.

Des hommes politiques ont alors commencé à se saisir de la question, et plusieurs résolutions ont été déposées pour réclamer l'adoption d'un statut international de « réfugié climatique », notamment auprès des Sénats belge et australien et du Conseil de l'Europe.

On distingue trois types de phénomènes, trois types de catastrophes susceptibles de provoquer des mouvements migratoires significatifs : l'intensité accrue des catastrophes naturelles, la hausse du niveau des mers et la raréfaction des ressources en eau potable.

Mais comment traduire techniquement le profil du réfugié climatique en termes juridiques ?

La Nouvelle-Zélande se trouve à la pointe du combat écologique : le pays a nommé un ministre du

Réchauffement planétaire, James Shaw, et a renoncé à toute nouvelle exploration pétrolière ou gazière off-shore.

Les Néo-Zélandais se voient accusés par les libéraux de « vandalisme économique » et tentent de penser aussi la définition d'un statut qu'on pourrait donner à tous ceux qui fuient leur pays pour des raisons liées à l'élévation des eaux. Le gouvernement de cet archipel s'empare de la question de l'accueil de ces migrants un peu particuliers, tant sur le plan philosophique que sur le plan pénal, et imagine la possibilité d'octroyer des visas à cet effet.

Il y a bien sûr une raison à cela : la Nouvelle-Zélande se trouve au cœur de l'océan Pacifique, en Océanie, où plusieurs îles sont menacées de disparition.

La maîtrise de ces questions est pour elle cruciale.

Mais en réalité elle l'est aussi pour l'Europe.

Seulement, sa situation géographique place cette dernière au cœur de problématiques bien plus sensibles politiquement : la proximité avec des régions hautement instables, notamment le bassin méditerranéen et l'Afrique, la piège.

Selon le chercheur en sciences politiques François Gemenne, « *trois grandes régions correspondant à trois types de phénomènes environnementaux seront particulièrement concernées par ces épisodes extrêmes* ».

L'Afrique subsaharienne, avec en cause les sécheresses et la dégradation des sols, catastrophiques dans cette région du monde où plus de la moitié de la population dépend de l'agriculture.

L'Asie du Sud et du Sud-Est, région la plus peuplée du globe et la plus exposée aux typhons et tempêtes. À tel point que le GIEC a, dès 2007, alerté sur le fait que « *les rendements en Asie et Asie centrale pourraient chuter de 30 % d'ici le milieu du siècle* ».

Pour certains chercheurs, l'attrait de son environnement extraordinairement clément serait fatal au continent européen, qui pourrait devenir à la fois la terre promise et le radeau de la *Méduse* d'une planète en proie aux pires bouleversements dans les décennies qui viennent. Certaines études de la London School of Economics and Political Science reprises par *The Gardian* affirment que le nombre de migrants qui tenteront de s'installer en Europe triplera avant la fin du siècle.

Il faut que l'Occident prenne conscience que son modèle de société, fondé pourtant à la fois sur la philosophie des Lumières, le progrès, et sur le capitalisme, est le plus ravageur pour l'environnement.

Il faut que l'Occident prenne conscience que son modèle de société, fondé pourtant à la fois sur la philosophie des Lumières, le progrès, et sur le capitalisme, est le plus ravageur pour l'environnement.

Mais qui aujourd'hui pour accepter de changer notre modèle politique capitaliste qui tend à se mondialiser ? Ni les grandes industries, ni les milliardaires, ni vous ni moi ne sommes prêts à sacrifier la qualité de vie de notre monde qui vampirise celui des populations du Sud. Accepterions-nous de retourner au XIXe siècle ou au collectivisme marxiste ? Vous le savez pertinemment comme moi, la réponse est non !

Si je vous demande si vous voulez le changement, tout le monde est d'accord. Si je vous demande si vous êtes prêt à changer, presque plus personne n'opine de la tête.

Pourtant, sans changement, sans transition, c'est l'effondrement qui jour après jour se précise.

N'est-il pas temps de nous remettre en question et d'imposer aux entreprises qui sont à l'origine du mal de reverser plus de la moitié de leurs bénéfices pour financer la transition écologique ?

Ne vous y trompez pas, les industries du gaz, du charbon et du pétrole ont bien compris que les énergies fossiles deviendront de moins en moins rentables au cours des prochaines décennies.

Selon l'Irena (Agence internationale de l'énergie renouvelable), ce ne sont pas moins de 4 200 milliards de dollars qui pourraient être économisés chaque année si la part des énergies renouvelables était doublée à l'échelle mondiale.

Cette transition, ce financement n'est pas négociable, il doit venir de ceux qui ont souillé la Terre au nom du profit, ceux qui ont empêché toute forme de création se passant du pétrole, de la chimie et de la pétrochimie. L'Occident doit assumer le rôle décisif qui a été le sien dans la crise que nous traversons.

Nos modes de vie mondialisés

USA, an history of violence

Si l'on doit se pencher sur ce qui a conduit notre monde vers une fin dont on devine chaque jour avec horreur un peu plus la possibilité, voire la fatalité, si l'on doit identifier les racines du mal dont nous souffrons déjà, il convient sans doute de se pencher sur l'histoire des prémices de la mondialisation et sur ce pays prodigieux que sont les États-Unis.

Je ne suis certainement pas le seul à avoir été, dès l'enfance, fasciné par cette culture à la fois sauvage et kitch qu'imposaient tantôt les feuilletons, tantôt les westerns, et qui imprégnait ces heures passées sur un canapé trop étroit, écrasé entre ma mère, mon frère et ma sœur, sous la couette, le dimanche, à me gaver de séries mettant en scène la gloire décontractée de l'Amérique.

Ce triomphe tranquille *made in* Magnum, J. R. Ewing ou *Miami Vice*, ou bien cette rage profonde mise au service de ravages rédempteurs *made in* Rocky, Rambo ou *Pale Rider*.

Ils nous galvanisaient.

Ils semblaient nous rendre riches de tous les avenirs possibles. Nos pères et nos mères ont porté des collants et mâché du chewing-gum, ils se sont mis à rouler coude à la portière, à danser le twist, à étancher leur soif dans la vitesse, la prise de risque. Ils semblaient soudain mus par cette passion si peu européenne qu'est la « fureur de vivre ».

Nos aînés sont longtemps restés dominés par des figures tutélaires, des figures de pères protecteurs, de pères résistants ou bien traîtres, même passifs, ressassant leurs vieilles histoires héroïques ou honteuses qui nous fascinaient, mais aussi nous affligeaient pour tout dire.

Mon père avait la passion de la mémoire et le sens de l'État.

Il était partagé entre la fièvre insurgée d'Hugo et la solennité pénétrée de Malraux.

Nous, ses enfants, avions soif d'oubli et de désinvolture.

Avant-guerre, la jeunesse, telle qu'on l'entend aujourd'hui, n'existait pas en Europe.

La jeunesse est une force qui nous vient du Nouveau Monde.

La jeunesse nous vient des États-Unis.

Je revois les albums photo : nous plissions le front à la James Dean, très « Actors Studio » dans l'esprit.

Je revois mon frère Pierre-Henri, en 1984, revenir d'une tournée de critériums aux US : il descend d'une 528i, un modèle européen, certes, mais qui nous évoquait tellement la Mustang de *Bullitt*, avec ses calandres chromées et cet avant fuselé qui lui donnait l'allure impitoyable d'un squale. Elle jouissait d'un tempérament et d'une agressivité rares.

Elle impressionnait.

Mon frère en est sorti avec ses deux complices, Laurent Fignon et Vincent Barteau. Le premier venait de remporter le Tour de France, l'autre avait endossé le maillot jaune plus de dix jours pour ne le céder qu'à son coéquipier. Pierre-Henri avait gagné la 13e étape.

Ils étaient des vainqueurs, ils étaient beaux et fiers.

Et tous, ce jour-là, portaient la même tenue : un 501 Levis.

Ce pantalon fut d'abord conçu pour les chercheurs d'or, ces fous qui ont parachevé la légende pionnière américaine. Une légende est toujours une utopie en action. Comme les échappées, en cyclisme. De Jack London à John Huston, cette ruée a longtemps constitué un véritable leitmotiv artistique, comme les forçats de la route ont produit leur propre mythologie. Et puis, ils portaient des Nike Air : de vrais Américains.

Nike aussi charrie sa légende ensorcelée : son slogan « *Just do it* » provient de la culture posthippie révolutionnaire, qui porte en elle l'idée que chaque individu est fort de la possibilité de tout changer.

Bien sûr, je n'avais aucune idée de tout ça.

Et bien sûr, il y avait dans cet état d'esprit, dans cette façon de s'habiller et de vivre, quelque chose d'intensément construit. Une part de propagande.

Je m'inscris malgré moi dans cette filiation.

Je suis le fils bâtard du spleen européen et de la force candide et offensive de l'Amérique : je veux croire aux vertus du courage individuel, de l'instinct et de l'action spontanée.

Nous sommes tous les enfants du cauchemar de l'histoire.

Après guerre, les États-Unis se sont mis à nous posséder, bien plus encore que les terres de nos ancêtres ne l'avaient fait.

Parce que eux sont à la fois des paysans et des pionniers, des cow-boys et des immigrés, et qu'ils parviennent à allier le sens du territoire régional et la force transgressive de l'errance folk.

Ce sont des aventuriers.

C'est là, la structure fondamentale des États-Unis, sa vocation à la fois naïve et hégémonique.

C'est un pays neuf et féroce.

Deux cent vingt-sept ans. Deux cent vingt-sept ans à faire la guerre sur ses deux cent quarante-quatre années d'existence !

C'est une nation d'expatriés. Ces Européens se sont arrachés à leur pays pour réaliser une chimère prodigieuse, un rêve meurtrier : ils ont investi des terres inconnues, ils ont génocidé un peuple ancestral, ils se sont confrontés, au fur et à mesure qu'ils avançaient vers l'ouest à la magie du *wild*, à son hostilité monstre. C'est un peuple belliqueux qui s'est laissé façonner par la violence de la nature qu'il embrassait, en même temps qu'il la découvrait et qu'il tentait d'en maîtriser l'énergie.

Le pouvoir de séduction du libérateur est intense dans les années 1950, obéissant aux lois bien connues du « désir mimétique » décrites par René Girard : tout le monde à l'époque veut se conformer au modèle américain.

L'imagerie hollywoodienne mise en scène par le gouvernement Kennedy et ses armées de stratèges obsédés par la conquête industrielle du monde est une machine furieuse et efficace. Elle sonne le début d'une ère nouvelle où les États-Unis vont inventer un mode de vie idéal que l'on appellera l'« *American way of life* ».

Dès le début de cette guerre, on voit à l'œuvre les stratégies de Clausewitz, un théoricien militaire, appliquées au marché libéral. Ce ne sont pas précisément des enfants de chœur qui sont aux commandes, mais d'éminents spécialistes du marketing : le premier exemple d'un commerce de plus en plus extensif et conquérant, qu'on qualifierait aujourd'hui de mondialisé, est celui de la cigarette.

Et c'est ici la première fois qu'on œuvre à la modélisation de techniques de désinformation pour servir des intérêts particuliers, au détriment d'intérêts généraux de santé publique. Nous y reviendrons.

La Seconde Guerre mondiale a été un accélérateur de particules prodigieux de la libéralisation des marchés, que ce soit pour Coca-Cola, Bayer ou Monsanto.

Comme celle de 14-18 l'avait été : c'est en 1919 que Coca-Cola s'est installé en France et, jusqu'à la Seconde Guerre mondiale, c'est le IIIe Reich qui représente le second marché de la compagnie. En 1937, Coke est l'une des attractions principales d'une grande exposition berlinoise. C'est significativement à cette époque que la firme entreprend une stratégie d'expansion internationale.

C'est par ailleurs la firme Monsanto qui a historiquement fourni Coca-Cola, à ses débuts, en saccharine, ingrédient indispensable à sa production.

Et en 1940, le même Monsanto devient partenaire de l'armée américaine en effectuant des recherches sur l'uranium dans le cadre d'un projet visant à la construction de la première bombe atomique.

Les guerres, et particulièrement celle de 39-45, ont toujours favorisé les phénomènes de mondialisation.

Ainsi, la tomate a été pour la première fois standardisée dans sa version industrielle sous Mussolini.

Et Heinz arrive en France en 1944, à la faveur du débarquement allié. Sa marque s'est intensément popularisée pendant les années 1950, à une époque où nous avons tous commencé à manger et consommer à l'américaine.

En nous appuyant sur la remarquable enquête de Jean-Baptiste Malet dans son *Empire de l'or rouge*, nous allons prendre le temps d'examiner la fabuleuse histoire de cet empire de la tomate d'industrie – c'est aussi celle des pizzas, des hot-dogs et des hamburgers – qui a elle seule suffit à illustrer les problèmes que pose la dynamique mondialisée dans laquelle nous sommes saisis et englués.

L'auteur montre dans ce livre combien « *l'imaginaire de la tomate est puissant* » en Occident et comment les industriels se sont ingéniés à le perpétuer.

Ce qu'il faut bien comprendre, c'est que, petit à petit, pour pouvoir se mondialiser, nourrir la terre entière et devenir donc un pur flux financier, la tomate d'industrie doit d'abord être transformée et ne plus être le fruit familier que l'on connaît. Ou plutôt, nous explique Malet, elle doit devenir un autre fruit : le fruit artificiel d'une politique libérale forcenée, entièrement créé par des scientifiques et des généticiens, et dont les caractéristiques sont calibrées pour être adaptées à sa transformation en concentré universel.

Elle devient bien alors une marchandise mondialisable, qui, une fois conçue, se voit conditionnée en baril et peut alors faire plusieurs fois le tour de la planète avant d'atterrir dans nos assiettes.

Elle est oblongue, presque sans eau, anormalement dense et dure pour pouvoir souffrir les voyages en camion, benne ou avion. C'est une tomate mutante qui ne peut plus nous faire bénéficier d'aucun apport nutritionnel, un avatar ignoble, et dont on ignore tout. Un ersatz.

Heinz est le numéro un mondial du ketchup depuis la fin du XIXe siècle et c'est la première firme à avoir globalisé cette industrie rouge.

Pour Henry Heinz, « *world is our field* ».

C'est avec lui qu'on ouvre pour la première fois des centres de génétique spécialisés dans la recherche de la tomate.

Ce que l'on découvre au cours de cette vertigineuse plongée dans l'univers mondialisé de cette production, c'est la guerre que se livrent la Chine, les États-Unis et l'Italie pour conquérir ce marché. C'est étrangement la Chine, qui n'en consomme pas, qui tient le haut du pavé mondial de cette économie *pulp*.

Et c'est significativement un général d'armée, Liu Yi, qui a progressivement assuré à cette « République populaire » le leadership sur ce marché. Et c'est donc là-bas, en Chine, à partir de tomates mutantes, inoxydables, et ne pouvant ni s'abîmer ni pourrir, que le gros du concentré vendu dans nos supermarchés et chez nos traiteurs d'Occident est conçu.

Tout dans cette histoire – qui est devenue au fil du XXe siècle notre ordinaire – est une aberration : ce précipité pâteux et rouge, conditionné, traverse la Chine en train de marchandises pour être chargé ensuite sur des cargos, et voilà cet or rouge acheminé à travers les mers jusqu'à Naples et à Salernes pour être mis en boîte dans les conserveries napolitaines et donner l'impression au consommateur qu'il achète du *made in Italy*, et ce même sous l'appellation bio, parfois.

Un pacte faustien a été passé entre les industriels italiens et l'armée chinoise, et c'est un homme, Antonino Russo, personnage pour le moins sulfureux, qui a acheté jusqu'à 30 à 40 % de la production de l'armée chinoise. On est donc là face à une industrie qui nourrit toute l'humanité, mais qui est tenue par une espèce d'« agro-mafia » et quelques acteurs hégémoniques.

Ce concentré de tomate d'industrie est aussi exporté en Afrique, où il est coupé avec des fibres de soja. C'est là-bas un produit incomestible, dramatiquement dangereux pour la santé, qui est vendu sur les marchés sans que cela inquiète quiconque.

La consommation de viande, quant à elle, est aujourd'hui anthropologiquement ancrée dans notre civilisation.

Et c'est sa production, nous allons le voir, qui pollue le plus gravement notre planète.

Non seulement son empreinte carbone est désastreuse, mais 15 500 litres d'eau lui sont nécessaires pour fournir un simple kilo de viande ! En effet, on ne s'en rend pas compte, mais un bœuf a besoin de boire 24 000 litres d'eau en trois ans. 7 000 litres seront utilisés à la ferme et à l'abattoir, 3 millions de litres d'eau seront nécessaires pour produire les 8 500 kg de grains et de fourrage qu'il mangera pendant sa vie. Au vu de la pénurie qui menace, et de la fameuse diagonale de la soif précédemment évoquée, c'est dire combien cette consommation qui se mondialise est une calamité pour l'humanité.

15 500 litres d'eau lui sont nécessaires pour fournir un simple kilo de viande.

D'autant que l'ONU prévoit une augmentation de 69 % de la production de bœuf d'ici 2050 !

Manger de la viande relève pourtant au départ d'une hérésie : l'homme serait plutôt spontanément ovo-végétarien. C'est drôle. C'est un peu comme s'il payait aujourd'hui d'avoir été fort de ce génie pervers là : celui d'aller contre sa propre nature.

La science tient à le considérer comme un omnivore, mais il dispose en fait d'intestins d'herbivore, c'est-à-dire d'organes digestifs très longs (7,50 m environ), quand ceux de carnivore ne mesurent qu'1,20 m.

Pourquoi cette différence ?

Parce que l'herbivore a besoin que les aliments restent longtemps en stagnation pour absorber ce qu'il ingère : il en favorise ainsi l'assimilation, tandis que le carnivore, au contraire, a besoin, pour que la viande et les protéines animales ne se dégradent pas, ni ne se putréfient en lui et n'acidifient son organisme, de l'évacuer rapidement. Il produit à ce titre une enzyme, l'uréase, qui lui permet de traiter et d'éliminer 100 fois plus d'acide urique que l'être humain.

Si par ailleurs on observe les mâchoires des premiers hommes, et même plus précisément leurs canines, on voit bien qu'elles sont totalement inadaptées à la consommation de viande.

Ainsi, contrairement aux idées reçues et à ce que les grandes fresques d'*Homo sapiens* tueurs de mammouths pourraient faire croire, la pratique de la chasse était exceptionnelle dans ces temps ancestraux.

C'est d'ailleurs pour cela qu'on la représentait sur les murs des grottes : elle célébrait le courage et les morts perdus dans cette confrontation fatale entre l'homme et la bête.

Dans les temps préhistoriques, l'homme vivait en fait essentiellement de cueillette.

La découverte des premiers hommes européens au Portugal témoigne de leur végétarisme total. Alors comment en est-on venu à consommer de la viande ? Et même à en faire notre aliment principal ?

C'est dans les régions arctiques, ou plus généralement dans les régions froides, que l'homme a bien dû s'adapter : le climat est plus hostile dans l'hémisphère nord, l'environnement plus pauvre en végétation. Il a dû se restreindre et changer son mode alimentaire au point d'introduire la viande dans son quotidien. Elle a ainsi petit à petit constitué une composante majeure de son alimentation, et cette tendance est devenue profonde : la joie carnassière qu'a éprouvée l'homme au contact de la chair animale, au goût âcre du sang, a même nourri son imaginaire et ses fantasmes les plus insensés : les Amérindiens se racontaient qu'ils étaient investis de la force de l'ours ou de l'antilope qu'ils tuaient.

L'homme a adoré la viande et, peu à peu, il a élevé des animaux et favorisé la mise en place de cheptels. La production de la viande s'est ensuite, comme on le sait, intensifiée et industrialisée au cours des siècles.

Qui ne mange pas de viande aujourd'hui ? Jusque dans les années 1950, ce sont essentiellement les pays riches qui consommaient du bétail ou de la volaille. Le fond nutritionnel de l'hémisphère sud et du tiers monde est resté longtemps céréalier et végétal. La viande était sacralisée et n'était consommée que lors d'événements particuliers ou de fêtes.

La libéralisation des marchés et les délocalisations qu'elle a favorisées ont violemment impacté ces modes de vie indiens, asiatiques ou orientaux.

Aujourd'hui ces populations s'ouvrent comme on l'a vu sur ce plan-là aussi aux modes de vie occidentaux et consomment de la viande, de plus en plus de viande. Selon les calculs d'AsapScience, 25 milliards de poulets, 1,5 milliard de vaches et 1 milliard de moutons et de cochons fouleraient le sol terrien. Cette prolifération d'animaux, qui n'ont en fait d'autre destin que celui d'être mangés, entraîne diverses conséquences négatives pour notre planète.

On le sait aujourd'hui : l'industrie de la viande et des produits laitiers est celle qui émet le plus de gaz à effet de serre dans le monde. Bien plus encore que l'industrie du transport.

83 % de la surface agricole mondiale est utilisée pour l'élevage.

Actuellement, l'Organisation des Nations unies pour l'alimentation et l'agriculture (FAO) estime que 83 % de la surface agricole mondiale est utilisée pour l'élevage (pâturage du bétail et production de céréales destinées à le nourrir).

Au point que les terres agricoles viennent à manquer elles aussi, et ce manque nous pousse à la déforestation : 91 % des terres « récupérées » dans la forêt amazonienne, par exemple, servent ainsi aux pâturages ou à la production de soja qui nourrira plus tard le bétail.

La mondialisation de ces modes de consommation et de l'élevage intensif des animaux a des conséquences désastreuses, qu'on mesure encore mal, sur le climat.

Au-delà de ces contingences environnementales, il faut avoir à l'esprit que cette viande qu'on ingère n'a plus rien à voir avec celle de nos grands-parents : elle provient d'élevages intensifs où la promiscuité du bétail contraint les éleveurs à faire un usage massif d'antibiotiques pour prévenir les maladies (80 % de la production mondiale d'antibiotiques est destinée à l'élevage industriel). En outre, l'alimentation de ce bétail est constituée de céréales OGM, provenant de plantes mutantes qui

En cinquante ans, la consommation de viande a déjà doublé, passant de 23 à 43 kg par personne.

nécessitent un usage très important d'intrants chimiques, ce qui fait de cette viande ou de ce lait des denrées impropres à la consommation.

Elles dégradent notre microbiote, c'est-à-dire le siège de notre immunité. Comme pour les tomates, la viande d'industrie – elle représente l'essentiel de la production mondiale – est donc de surcroît une viande corrompue, qui favorise le développement des maladies. Elle a d'ailleurs été classée cancérigène probable par l'OMS en 2015, au même rang que l'amiante ! Elle est aussi à l'origine de l'épidémie d'antibiorésistance qui sévit depuis quinze ans dans les pays occidentaux et qui préoccupe de plus en plus les scientifiques.

En cinquante ans, la consommation de viande a déjà doublé, passant de 23 à 43 kg par personne.

Les Nations unies estiment que la consommation de viande va encore augmenter de 76 % d'ici 2050, avec une multiplication par deux de la consommation de volaille, une augmentation de 69 % de celle du bœuf et de 42 % de celle du porc.

D'ici la moitié du siècle, le secteur représentera 45 % des émissions mondiales des gaz à effet de serre, contre 15 % actuellement, ce qui est totalement effrayant quand on en connaît les conséquences.

Nous voulons l'ignorer parce que les structures et leurs mécanismes sont souvent hélas plus puissants que les consciences et les individus, mais l'uniformisation généralisée de nos modes de vie, sur le plan alimentaire notamment, procède de cette dynamique mondialisée dans laquelle nous sommes saisis comme la mouche dans le piège de la toile. Elle va faire de nous les témoins tétanisés de notre propre destruction.

La mondialisation induit une chose simple : ce qu'il y a de plus concret, notre nourriture, doit devenir abstrait pour pouvoir être commercialisé de manière radicalement intensive.

Aux États-Unis, dans l'entreprise Morning Star, il est écrit sur les murs que « *la science découvre les lois de la nature, qu'elle fait appliquer par l'industrie pour atteindre le bonheur humain, l'harmonie et la prospérité* », mais de quoi parle-t-on ici, de quelle harmonie ?

Cette perversion des valeurs est terrible : pour rendre la financiarisation et la globalisation du commerce acceptables, il faut imposer la fiction selon laquelle elles seraient naturelles, alors qu'elles induisent au contraire une dénaturation de nos produits, et des acheminements en avion désastreux pour notre écologie.

Heinz a opéré de la même façon et trouvé en cela un allié idéal en Reagan. La famille Heinz a toujours été proche du Parti républicain, et c'est sous les mandats de Reagan qu'il a été question de qualifier le ketchup de légume, et donc, de produit naturel.

Fair is foul and foul is fair[1]. L'alimentation n'a plus rien à voir avec ce qu'elle était, le poison se fait passer pour la chose saine, le faux pour l'authentique. Les produits de luxe des traiteurs italiens se font à base de concentrés fabriqués en Chine et n'ont rien d'artisanal. Ils nous viennent du bout du monde, mais se font passer pour locaux.

1. « Le beau est immonde et l'immonde est beau. »

Visionner une vidéo en streaming, c'est la consommation d'électricité annuelle d'un frigo.

En ce qui concerne la mondialisation, l'information n'a rien à envier à la tomate ou à la viande : elle aussi se multiplie, elle aussi circule de plus en plus vite. Elle se dématérialise et prolifère, et on la consomme, comme on fait couler l'eau courante, sans se poser de questions, sans se demander comment ni même où toutes ces informations sont stockées et ce que cela implique. Il en est de même pour les films en streaming, les vidéos sur YouTube, etc. Ces pratiques ont pourtant un impact global considérable qu'on n'interroge jamais. Visionner une vidéo en streaming, c'est la consommation d'électricité annuelle d'un frigo. Internet est le troisième consommateur mondial d'énergie après la Chine et les États-Unis. Prenons justement l'exemple du continent américain : on utilise toujours là-bas des centrales à charbon – une énergie fossile à bas coût – pour alimenter certains *data centers*, comme on les appelle. Derrière cette terminologie se cache en réalité un lieu physique (pièce ou bâtiment) regroupant des serveurs informatiques, jusqu'à plusieurs milliers. Une partie des *data centers* des géants du Web (Facebook, Apple ou Google) se sont installés en Caroline du Nord – où se sont implantés onze foyers de production de charbon. Or l'emploi du charbon est une véritable catastrophe écologique, qui produit 50 fois plus de CO_2 que les autres énergies fossiles. Avec le *cloud*, la révolution numérique est passée par là, entraînant dans son sillage de nouvelles pratiques. En France, la consommation de ces centres de données s'élevait en 2015 à environ 3 TWh, soit davantage que la consommation électrique de la ville de Lyon. De même, une vidéo comme le *Gangnam Style*, visionnée 2,7 milliards de fois sur la planète, a consommé l'équivalent de la production annuelle d'une petite centrale électrique. Les trois plus grands youtubeurs français (Squeezie, Norman et Cyprien) réunissent à eux seuls plus de 30 millions d'abonnés. Squeezie se félicite de pouvoir cumuler 4 milliards de vues, tandis que ses deux concurrents culminent, eux, à 1,6 milliard chacun. Ce qui signifie qu'ils explosent à eux trois la consommation du fameux clip coréen. N'est-ce pas amusant de les voir se mobiliser pour incarner la lutte contre le réchauffement climatique dans le mouvement « On est prêt » ? Leur *business model* est un des plus polluants qui soient pour la planète. Il faut être bien inconséquent ou bien cynique pour se mobiliser ainsi, une fois, sans se remettre en question une seule seconde, et en faisant au passage leur autopromo.

Quant à notre façon de voyager, il faudrait aussi – même si c'est toujours difficile de bousculer ses habitudes – la questionner. Selon une étude publié le 4 juin 2019 par l'ONG « Transport et environnement », les bateaux de croisière font partie des plus gros pollueurs de la planète. Attention, c'est vertigineux. Prenons l'exemple du leader mondial, Carnival Corporation. À lui seul, avec ses 94 bateaux qui naviguent sur les côtes européennes, il émet plus d'oxyde de soufre que l'ensemble des 260 millions de voitures du continent. Certains responsables de la politique maritime le dénoncent et expliquent que ces bateaux de croisière de luxe sont de véritables « villes flottantes » alimentées par un fioul lourd, le carburant le plus sale qui soit. Il est étrange de constater que les autorités luttent à juste titre contre les voitures Diesel, mais donnent carte blanche aux compagnies de croisière. Ces dernières rejettent des vapeurs toxiques qui causent des dommages incommensurables.

Que dire des avions ? C'est bien simple, l'aviation est en tête du classement des modes de transport les plus polluants. On peut affirmer par exemple qu'un kilomètre en avion est 45 fois plus polluant qu'un kilomètre parcouru en train. Par trajet, l'avion émet en moyenne 125 fois plus de dioxyde de carbone qu'une voiture individuelle. En plus du CO_2, l'avion répand également de l'ozone, un gaz à effet de serre, et des cirrus (des nuages de haute altitude qui produisent des effets réchauffants). Au niveau européen, le transport aérien n'est responsable que de 3 % des émissions totales de CO_2. Mais sa contribution devrait exploser dans les prochaines années : les prévisions de trafic tablent sur un doublement d'ici 2037, pour atteindre 8,2 milliards de passagers dans le monde.

Résumons : la libéralisation forcenée des marchés, le tourisme de masse et les nouvelles technologies sont les trois phénomènes qui ont favorisé l'empoisonnement de l'atmosphère et la destruction de la planète.

Il semble important à ce stade de donner quelques perspectives historiques à la chose : Ronald Reagan a sans doute joué un rôle majeur dans l'histoire de la mondialisation et de la financiarisation du capitalisme. Et il faut sans doute s'y arrêter un instant pour comprendre comment nous sommes passés du XXe au XXIe siècle.

On a mésestimé l'importance symbolique du fait qu'en 1981 la plus grande puissance mondiale mettait un acteur de Hollywood au pouvoir. Certains m'opposeront à juste titre qu'il fut un grand gouverneur de Californie. Peut-être. Pourtant c'était bien, avant tout, un comédien.

L'Amérique est le continent de tous les possibles, le continent des trajectoires les plus improbables. C'est un pays qui se raconte à lui-même que l'on peut se métamorphoser, se redéfinir indéfiniment.

Cet état d'esprit ne m'est pas étranger, je peux même dire qu'il me fonde. Sans ça, je n'aurais jamais pu revenir des impasses auxquelles la vie m'a parfois acculé. Je crois comme les États-Unis en cette force vitale qui permet à chacun de mourir à lui-même pour renaître autrement.

Mais Ronald Reagan est une forme de perversion de ce génie américain là.

L'avènement de Ronald Reagan cristallise un basculement sociétal majeur : sa gouvernance marque le début de l'ère du *business first*, qui fait abstraction de l'éthique et de la valeur de la vie humaine.

Peut-être à la fin de ce siècle réaliserons-nous à quel point cela nous aura coûté cher. C'est lui qui réduira à néant la possibilité même du combat contre le réchauffement climatique entamé sous Carter.

À ce stade, il est temps de revenir sur l'histoire du capitalisme et des moments forts de sa transformation et de sa financiarisation.

Si nous affirmons qu'il est dans la nature profonde du capitalisme de tendre vers des flux financiers de plus en plus fluides et abstraits, c'est qu'il est né comme ça : l'argent en lui-même est une pure abstraction.

Il n'a que la valeur qu'on lui prête.

Adam Smith l'a théorisé : dès que l'échange monétaire a remplacé le troc, la monnaie est entrée dans un lent processus de dématérialisation, favorisé et exalté par le libéralisme et l'énergie capitaliste.

Mais lorsqu'il s'agit du commerce alimentaire global, lorsqu'il s'agit de choses aussi concrètes et vitales que notre nourriture, notre « pain quotidien », l'affaire devient grave.

Et personne, à force de se bâfrer de pizzas emballées sous vide ou de surgelés conditionnés, ne veut y songer.

Cette bouffe industrielle est pourtant constituée de produits qui font parfois plusieurs fois le tour de la Terre avant d'atterrir dans notre assiette, alors qu'il semble spontanément naturel de se nourrir de ce dont nous disposons à proximité.

La libéralisation des marchés agroalimentaires dans notre monde globalisé est un pur désastre, pour notre santé comme pour notre écologie.

Aujourd'hui, on le sait, le capitalisme a encore muté. Des économistes comme Alan Greenspan, spécialiste de la politique monétaire intérieure des États-Unis, ou Ayn Rand, philosophe libertarienne dont il a été le fervent disciple, ont été les principaux promoteurs de la dérégulation libérale et ont offert une structure intellectuelle au marché libre. À présent, les nouvelles technologies aidant, les transactions économiques reposent sur des spéculations, qui sont faites via des jeux algorithmiques et des intelligences artificielles, d'une nanoseconde à l'autre.

C'est en 1965 que Gordon E. Moore, un des trois ingénieurs fondateurs d'Intel, a émis l'hypothèse que la capacité de calcul des transistors allait doubler tous les ans. En 1975, il précisa sa prédiction en postulant finalement que la capacité de calcul des ordinateurs doublerait tous les dix-huit mois.

Il avait raison.

De fait, l'ensemble des machines électroniques sont devenues de moins en moins coûteuses et de plus en plus puissantes. Une simple puce réalise 1 000 milliards d'opérations à la seconde, les plus gros serveurs informatiques réalisent 15 millions de milliards d'opérations à la seconde. Le cap du milliard de milliards d'opérations à la seconde (on appelle ça « l'exaflop ») sera atteint en 2021 par un supercalculateur produit par Intel.

Ces puissances informatiques absolument colossales nous permettent ce qui était inimaginable il y a quelques décennies.

On ne mesure pas encore les conséquences qu'un tel saut technologique a pu avoir sur notre civilisation et en particulier sur le monde bancaire, qui a vu son mode de fonctionnement révolutionné par ces capacités de calcul et ces intelligences artificielles (IA). Elles régentent désormais la spéculation mondiale au point d'aller jusqu'à déshumaniser le monde des traders boursiers, déjà naturellement glaçant.

Aujourd'hui les traders sont des data-analystes, des ingénieurs informatiques, des spécialistes des IA. Ils parient sur la hausse ou la baisse de la valeur d'une entreprise. Et leurs opérations reposent en fait presque sur une capture du temps : des logiciels analysent les mouvements boursiers, à la nanoseconde près, et identifient des patterns.

Ils peuvent faire des milliards de bénéfices en jouissant de fluctuations sur des laps de temps infimes.

C'est ce vertige abstrait qui potentialise encore les effets désastreux de notre monde capitaliste.

On perd de vue ce qu'on achète, on perd de vue ce qu'on vend, l'idée de la possession même devient abstraite, on perd de vue ce qu'on mange, et tout ça, sans même qu'on s'en rende compte, entraîne notre monde à sa perte.

État des lieux

Le réchauffement climatique

David Wallace-Wells souligne que le réchauffement climatique a joué un rôle décisif au cours des cinq premières grandes extinctions. Celle d'il y a 252 millions d'années a commencé par un réchauffement de 5 °C, s'est accélérée par le relâchement de méthane en Arctique et s'est finie par l'extinction de 97 % de la vie sur Terre. Or le taux de carbone dans l'atmosphère augmente dix fois plus rapidement qu'à l'époque à cause des activités humaines.

Ce qui est plus difficile à comprendre, c'est la simultanéité de phénomènes contradictoires : dans tel coin du monde, la sécheresse sévit, alors qu'ailleurs ce sont des pluies diluviennes qui s'abattent.

Cette apparente contradiction, qui fait le lit des climatosceptiques, est la résultante de phénomènes physiques interreliés dans un système global.

Ainsi, par exemple, en favorisant l'évaporation de l'eau et en augmentant la capacité de l'air à retenir l'humidité, le réchauffement peut entraîner une sécheresse dans certains endroits, et cela entraîne alors la maturation des feux de forêt et de grandes vagues de chaleur.

En même temps, quand l'océan se réchauffe, le phénomène d'évaporation s'amplifie. Ces ondes de tempêtes sont elles-mêmes aggravées par l'élévation du niveau de la mer, résultant de la dilatation moléculaire de l'eau sous l'effet de la chaleur et de la fonte des glaces terrestres. Les tempêtes inondent alors les routes, les voies ferrées, et détruisent des ponts, des ports et des digues.

Pour corser le tout, le CO_2 dégagé dans l'atmosphère se dissout dans l'océan, accélérant son acidification et perturbant les courants océaniques. Les coraux – qui supportent le quart de la vie marine et nourrissent directement un demi-milliard de personnes – blanchissent et meurent.

Et ces zones mortes grossissent comme des cancers, dépeuplant des pans entiers d'océan.

L'assimilation du carbone par la mer peut déclencher aussi un cercle vicieux : la sous-oxygénation de l'eau entraîne le grand développement de bactéries et asphyxie encore les eaux profondes : les poissons meurent étouffés, nourrissant les bactéries et accélérant encore le processus.

Mais le CO_2 ne se contente pas de réchauffer l'atmosphère, il en change aussi la composition. Or l'air que nous respirons impacte évidemment notre santé.

Si la teneur en carbone monte à 1000 ppm dans l'air en 2100, certains spécialistes assurent que cela fera alors baisser les capacités cognitives humaines de 21 %.

Le plus préoccupant dans tout ça ?

C'est que même les plus éminents scientifiques du GIEC émettent des prévisions dont les *worst-case scenarios* sont dépassés par l'intensité des rejets de CO_2 dans l'atmosphère.

En 2000, par exemple, ils avaient projeté que, six ans plus tard, ces rejets de dioxyde de carbone atteindraient au pire 8 milliards de tonnes. Or ils atteignirent 8,4 milliards.

Les institutions semblent peiner à se confronter à cette réalité, qui n'a désormais de cesse de se conformer à tout ce que la fiction avait imaginé de plus trash et tragique.

Pire, l'ensemble de leurs calculs ne tient pas compte de la catastrophe qui couve avec le permafrost, et qui pourrait nous précipiter dans un temps apocalyptique en moins de quelques années.

Pour survivre, la température de l'air doit en fait être assez fraîche pour que la régulation thermique par la peau soit efficace. Or, à 7 °C de réchauffement, cela deviendrait impossible pour une large bande équatoriale de la planète, particulièrement sous les tropiques.

Au Costa Rica, où l'humidité est de 90 %, se promener dehors par plus de 40 °C pourrait déjà être mortel. En quelques heures à peine, le corps humain serait mortellement cuit.

Permafrost

Nous abordons ici certainement le sujet le plus sensible de ce livre : le permafrost est un sol gelé en permanence depuis des millénaires et de ce fait imperméable.

Ce sol recouvre 1/5e de la surface terrestre et se situe dans les hautes latitudes et les hautes altitudes – principalement au Groenland, en Alaska et au Canada.

Ces terres boréales contiennent d'énormes quantités de carbone. Si d'aventure cette calotte glacière venait à dégeler, elle émettrait du CO_2, mais surtout du méthane, 34 fois plus puissant que le CO_2.

Cela aurait des conséquences apocalyptiques.

En fait, ce que les scientifiques et les défenseurs de l'environnement redoutaient est arrivé. La plus vieille et la plus solide couche de glace, située au nord du Groenland, s'est brisée pour la première fois. Une situation inquiétante qui donne le pouls de l'état de santé général de l'environnement sur la Terre.

De nombreux scientifiques, comme Peter Wadhams, pensent que le contexte climatique actuel en pleine mutation pourrait augmenter démesurément les émissions de méthane, lesquelles engendreraient un réchauffement quasi immédiat de 1 °C, en moins de quelques semaines, de quelques mois.

La réalité à laquelle nous confronterait la fonte de cette ancestrale couche de glace est que le méthane qu'elle recouvre pourrait faire monter la température de notre planète de plusieurs degrés, voire même de plusieurs dizaines de degrés. C'est tout simplement de la fin de la vie sur Terre que nous parlons ici, et de l'extinction de l'espèce humaine avant 2100.

Les déchets

Le plastique est une pollution à la minute où il est fabriqué et émane directement de la transformation du pétrole. Et bien sûr la responsabilité de la pollution ne se trouve pas du côté des individus isolés (bien qu'ils soient responsables de l'usage qu'ils en font et de leurs tri et recyclage), mais de celui de grands groupes industriels pollueurs.

Or ces déchets constituent un problème croissant : nous sommes aujourd'hui littéralement inondés d'ordures. L'équivalent de 268 940 tonnes de déchets flotte à la surface des mers. Et, d'après le dernier rapport du WWF publié le 5 mars 2019, la production mondiale de plastique devrait doubler au cours des dix à quinze prochaines années. Ce qu'il faut avoir à l'esprit, c'est que 9 milliards de tonnes de plastique se sont accumulées depuis 1950.

L'équivalent de 268 940 tonnes de déchets flotte à la surface des mers.

9 % seulement de ce plastique est recyclé.

150 millions de tonnes de déchets sont dans les océans. On sait qu'il existe au large du Pacifique un « septième continent » de plastique qui fait trois fois la taille de la France. Or ces déchets menacent la diversité biologique marine et côtière, causant des dommages et des morts au sein de la faune. On considère en outre qu'ils accumulent des substances toxiques pathogènes très nuisibles pour la santé.

Par ailleurs, un tiers de la nourriture produite chaque année finit à la poubelle. C'est-à-dire que 10 millions de tonnes de nourriture sont gaspillées chaque année en France. Le bilan écologique de ce gaspillage est désastreux : son impact carbone est estimé à environ 15,3 millions de tonnes de CO_2. Et le problème ne va faire qu'empirer. D'après les projections du Boston Consulting Group (BCG), le volume des déchets alimentaires annuels va continuer à s'accroître de 1,9 % par an d'ici 2030, soit 2,1 milliards de tonnes à cette échéance. Soit 66 tonnes de nourriture jetées chaque seconde.

Terminons simplement en disant qu'une organisation non gouvernementale comme Break Free From Plastic a livré le palmarès des entreprises les plus polluantes au monde. Et qu'il peut être utile de noter que des groupes comme Coca-Cola, Pepsi Co et Nestlé occupent le haut du podium.

L'extinction des espèces animales

Bien qu'il ne représente qu'une infime partie de la vie sur la planète, l'être humain est à l'origine de la destruction de la vie sur la Terre.

Il a causé la disparition de 83 % de tous les mammifères sauvages et de la moitié de tous les végétaux au cours des cinquante dernières années.

Il ne fait pas qu'éliminer certaines espèces.

Il décide quelles espèces animales et végétales survivront. Actuellement, 70 % de tous les oiseaux de la planète sont des poulets et autres volatiles de ferme. Et parmi tous les mammifères restants, 60 % sont constitués de bétail, 36 % de porcs et à peine 4 % sont des animaux sauvages.

> « Les ravages que nous faisons n'ont aucune mesure avec la place que nous occupons sur Terre. »
>
> Ron Milo

Par ailleurs, la population des mammifères marins a diminué de 80 % au cours du dernier siècle. « *Les ravages que nous faisons n'ont aucune mesure avec la place que nous occupons sur Terre* », a expliqué Ron Milo, professeur au Weizmann Institute of Science en Israël, et qui est l'auteur principal d'un rapport édifiant sur la question.

Le déséquilibre devenu aberrant entre les populations d'animaux domestiques et sauvages s'explique par l'agriculture industrielle, l'extraction des ressources et l'expansion des activités humaines, qui accélèrent la destruction des écosystèmes.

En 2017, une étude estimait à 76 % la diminution des insectes volants au cours de la dernière décennie. Un nouveau rapport publié dans les *Actes de l'Académie nationale des sciences des États-Unis* suggère que les insectes sont également durement touchés dans les forêts de Porto Rico. « *Cette étude est un véritable cri d'alarme. Le phénomène pourrait être beaucoup plus important et englober de nombreux autres écosystèmes* », a notamment déclaré David Wagner, expert en conservation des invertébrés à l'université du Connecticut.

« *Tout est en train de tomber. Les invertébrés les plus communs dans la forêt tropicale humide – les papillons de nuit, les papillons, les sauterelles, les araignées et autres sont tous beaucoup moins abondants.* » Si les populations d'insectes et d'anthropodes ont considérablement chuté, le nombre de prédateurs s'en nourrissant également. Il y aurait aussi beaucoup moins d'oiseaux, d'amphibiens et de reptiles.

Des milliards d'animaux dans le monde sont menacés de disparition. Et ce déclin n'est pas près de ralentir. Une étude publiée en 2018 révèle que si, d'ici la fin du siècle, la température s'élève de 3,2 °C par rapport à l'ère préindustrielle, l'aire de distribution des espèces animales sera réduite de près de la moitié.

Disparition de la biodiversité et conséquences sur la santé

La Conférence des Nations unies sur l'environnement et le développement (Sommet de la Terre ou Conférence de Rio) organisée en 1992 a définitivement consacré le terme « biodiversité » et l'a inscrit à l'agenda de toutes les conférences suivantes. La préservation de la biodiversité est clairement identifiée comme un objectif international.

La biodiversité, qui est indispensable à la vie sur Terre, est la variété de faune et de flore, qui tient tout à la fois au patrimoine génétique des plantes et des animaux et à la diversité culturelle.

Elle est essentielle pour la vie quotidienne et on le mésestime. Notre santé dépend de l'écosystème et on s'inquiète de plus en plus des conséquences sanitaires de la perte de la biodiversité. Elle joue notamment un rôle très important dans la nutrition et impacte notre production agroalimentaire, dans la mesure où elle assure la productivité durable des sols et fournit les ressources génétiques pour les cultures, les animaux d'élevage et les espèces marines comestibles.

Les activités humaines perturbent la structure et les fonctions de la biosphère et modifient la biodiversité originelle. Ces perturbations entraînent la raréfaction de certains organismes et la multiplication d'autres, facilitant ainsi la recrudescence de maladies infectieuses.

Qu'est-ce qui fait que nous ne réagissons pas ? Ou si peu ? Qu'aucun pays de l'UE n'a par exemple tenu les engagements pourtant scellés lors de la COP 21 ?

Nous avons tous cru à l'époque à une prise de conscience collective sans précédent. Nous avons cru au fait que nous étions là littéralement en train de *faire* l'histoire.

Il n'en a rien été.

Pourquoi des chiffres aussi alarmistes ne déclenchent-ils pas de réactions plus radicales, plus courageuses, plus fortes ? Pourquoi n'y a-t-il personne pour répondre à l'urgence dans laquelle nous sommes de nous extirper de cette dynamique mortifère ?

Ce qu'il faut en fait comprendre, c'est que c'est précisément parce que notre situation est radicalement inédite et que nous sommes arrivés à un point de non-retour, c'est précisément parce que cette situation dans laquelle nous sommes est paroxystique, que nous ne savons pas ou plus la considérer.

Pascal disait que nous courions « *tous dans le précipice après que nous avons mis quelque chose devant nous pour nous empêcher de le voir* ». La Rochefoucauld affirmait quant à lui que ni le soleil ni la mort ne pouvaient être « *regardés en face* ».

Pascal disait que nous courions « tous dans le précipice après que nous avons mis quelque chose devant nous pour nous empêcher de le voir ».

Notre capacité à penser et à nous raconter le cataclysme à venir semble obscurément neutralisée.

On peut aussi considérer que, face à la catastrophe et à la tragédie, le déni est une stratégie de survie comme une autre.

Cette stratégie à la fois malade et puissante semble caractériser la psychose du XXIe siècle, qui nous fonde aujourd'hui. Or ce long processus d'aveuglement a une histoire. Je vais vous la raconter.

II-NÉCESSITÉ DU DÉNI

« Ce n'est pas ce que vous savez qui pose problème, c'est ce que vous savez avec certitude et qui n'est pas vrai. »

Mark Twain

De la désinformation à la psychose collective

Ce que j'aimerais tenter d'expliquer dans cette partie, c'est comment le XXe siècle nous aura rendus dociles, comment il nous aura rendus aveugles, comment il nous aura rendus sourds. Comment ce siècle aura fait de nous d'un côté des perdants, des menteurs, des falsificateurs de l'histoire, et de l'autre, d'orgueilleux soumis, accros au sucre et à la graisse animale comme aux divertissements, plus tard aux jeux vidéo, aux séries, aux réseaux sociaux, aux médicaments. Bref, à la consommation, à la léthargie de masse, à la fièvre acheteuse. Toutes ces béquilles du XXe siècle, auxquelles nous avons tous aujourd'hui mécaniquement recours, pour nous aider à vivre, nous éloignent en fait de ce que nous avons de plus précieux, et de la vie, dans ce qu'elle a de plus singulier et de plus brut. C'est une anesthésie totale. On ne sait même plus qu'on souffre. Nous voilà immergés et maintenus dans une autohypnose qui nous condamne à évoluer en surface des choses et de nous-mêmes, qui nous exproprie de notre capacité à penser, à ressentir, à questionner le monde. Plus rien, ni l'angoisse, ni le chagrin, ni la peur de la mort, ne peut plus devenir le moteur de rien. Même le savoir scolaire et ses méthodes d'apprentissage semblent devenus insuffisants : ils ne nous permettent plus de développer l'esprit critique, la capacité d'étonnement, nécessaires au développement d'une pensée digne de ce nom. Aurions-nous oublié Montaigne ? Il nous avait pourtant alertés : il ne voulait pas voir les élèves devenir « *des perroquets sans âme* » qui accumuleraient une connaissance livresque stérile. Il rêvait d'une pédagogie appropriée et de favoriser « *une connaissance personnelle de la réalité* », une connaissance qui apparaisse vraiment comme le fruit d'une réflexion, de telle sorte que nous fassions réellement œuvre créatrice lorsque nous apprenons des choses.

Or nous avons pris l'habitude d'un enseignement à la fois élitiste – et, dans ma bouche, ce n'est pas une critique – et standardisé, puis, avec le XXIe siècle et la multiplication des sources d'information et l'augmentation de leur masse, nous avons oscillé en permanence entre un savoir officiel et un savoir alternatif. Nous ne savons plus trier ce que nous lisons ni faire d'arbitrage. Et la frontière entre le vrai et le faux est devenue dangereusement floue.

Et puis, enfin, comment l'entrée dans une ère post-atomique a-t-elle impacté notre rapport au temps, notre rapport à l'héroïsme, notre rapport au politique ? Tout le monde critique le capitalisme, c'est de bon ton, et c'est devenu facile. Tellement facile. Mais personne n'interroge jamais la révolution mentale qu'ont induite la guerre froide et la découverte du nucléaire. Or c'est capital.

Ce qui a été intensément attaqué et contaminé, au XXe siècle ? C'est d'abord notre rapport au doute, notre rapport à la vérité. J'aimerais essayer d'en retracer l'histoire.

Propagande et désinformation, ou perversion des sciences pour créer de la confusion et de l'ignorance : l'histoire de la commercialisation du sucre et du lait

> « Une des premières manœuvres du monde industriel est de manipuler les mots. »
>
> Stéphane Foucart

Pendant longtemps, nous avons consommé strictement ce dont nous avions besoin pour vivre. Mais l'avènement de l'ère industrielle a modifié notre rapport à la consommation.

Elle est devenue petit à petit, après guerre, plus importante, plus intensive, plus conditionnée aussi.

Comme on le sait, on passe aujourd'hui notre vie à s'endetter pour s'acheter des choses dont on pourrait se passer.

Et comme le souligne Stéphane Foucart dans son remarquable livre *La Fabrique du mensonge*, une des « *premières manœuvres du monde industriel est de manipuler les mots* ». Le but étant de rendre désirable, voire indispensable, des choses futiles et même d'imposer la fiction perverse selon laquelle des choses malsaines seraient bonnes.

Nous voici donc, en quelque sorte, transportés dans la trame du roman *1984*, où l'État omnipotent fait répéter aux foules que « *la paix, c'est la guerre* », que « *l'amour, c'est la haine* » et que « *l'esclavage, c'est la liberté* ». Mais comment continuer d'imposer des fables propagandistes dans une société démocratique qui repose, par exemple, sur le devoir d'informer ?

On l'a compris avec Orwell : « *Une dictature peut s'installer sans bruit.* »

Huxley, lui, imaginait déjà en 1932 que le pouvoir autoritaire parfait serait en fait « *une dictature qui aurait les apparences de la démocratie [...]. Un système d'esclavage où les esclaves auraient l'amour de leur servitude* ». Après guerre, effectivement, l'avènement de la culture et de la consommation de masse a réalisé cette prophétie.

Les industriels ont vite cherché à asservir le peuple dans l'intérêt d'une rentabilité toujours plus grande, et ils comprennent vite que la science est un ennemi sérieux qui pourrait entraver leurs activités.

Ils mettent alors sur pied, nous explique Foucart, toutes sortes de tactiques et de stratégies. Et de la nocivité du tabac au changement climatique, l'objectif est presque toujours le même : il faut, et ce par la science, organiser la confusion, faire naître le doute, troubler le jeu.

Cela n'a l'air de rien. Mais, dans un monde où la valeur cardinale est la création de richesses économiques immédiatement disponibles, il faut un diagnostic impossible à contredire, ni même à fragiliser, pour prendre des décisions coercitives et obliger les grands groupes. Or le propre de la pensée scientifique, c'est qu'elle est toujours « réfutable », elle est toujours prompte à se remettre elle-même en question pour vérifier ses hypothèses ou, au contraire, les invalider. Pour l'illustrer, revenons un peu en arrière et rappelons que pendant des siècles l'animal a été considéré comme une machine. Descartes, dans son *Discours de la méthode*, déclare même que les hurlements poussés par un animal pendant la vivisection n'ont pas plus de signification que le « *timbre d'une pendule* ». C'est peut-être pour cette raison que le droit et les textes juridiques ont pendant si longtemps pu considérer l'animal comme un « bien meuble ». On ne savait pas penser le vivant. Les philosophes en offraient une vision mécaniste. Et puis, la science a buté sur un phénomène précis : celui de la cicatrisation. Comment un objet inanimé pourrait-il de lui-même produire de la matière ? À partir de là, la science, avec des penseurs comme Lamarck ou Bichat, a posé les bases de ce qui deviendrait l'étude du vivant, c'est-à-dire la biologie. C'est bien ainsi que la science progresse : en interrogeant sans cesse ses présupposés, en les contredisant. Mais, justement, le monde industriel va se servir de ce noble principe d'incertitude : il va pervertir la pensée scientifique et s'appuyer sur le fait qu'elle doute structurellement d'elle-même pour la retourner contre sa vocation première et créer de la confusion, et donc, de l'ignorance. C'est un comble. Cela devient vite un leitmotiv : il faut, par les différents rapports d'expertise, enseigner l'erreur. Il faut « détruire le savoir ».

Il existe même une science qui s'intéresse à l'ignorance, peut-on encore lire dans *La Fabrique du mensonge*. Elle en cherche les contours, la géographie, les fondements. Et bien souvent, nous dit l'historien des sciences Robert Proctor, ce sont en fait les entreprises qui, en fonction de leurs intérêts, définissent les frontières entre ce que l'on sait et ce que l'on ignore. En fait, ce qu'il faut comprendre, c'est que les moyens dont disposent les industriels pour financer une science qui abonde dans leur sens sont infiniment supérieurs à ceux dont dispose la science elle-même pour investir dans la recherche. Cette asymétrie du pouvoir a fini par conditionner les conclusions scientifiques.

Foucart nous en offre l'illustration probante et nous raconte comment l'industrie du tabac a financé pendant quarante ans des « *milliers de projets de recherches en fonction de leur intérêt stratégique* ». Et c'est là que le cauchemar de George Orwell prend corps : dans nos sociétés des Lumières, on ne peut pas mettre les gens arbitrairement en prison ou les envoyer au peloton d'exécution, mais on peut rendre désirable ce qui nous détruit, et même, le faire passer pour beau.

On peut faire passer un asservissement de masse – en l'occurrence la consommation de cigarettes – pour un art de vivre de dandy.

Le plus grand tour de force de l'industrie du tabac a été, pour la première fois de l'histoire, de détourner la science de sa fonction pour façonner l'image fallacieusement glamour d'un produit toxique.

La monstruosité des sommes investies par l'industrie du tabac dans la recherche biomédicale a sévèrement biaisé la marche des recherches et des experts : certaines écoles ont émergé, d'autres non.

Pour les cigarettiers par exemple, il a toujours été crucial de favoriser le courant de pensée selon lequel les maladies – comme les cancers par exemple – étaient dues à nos gènes et non à notre environnement. Heureusement la biologie a depuis démontré que notre patrimoine génétique ne conditionnait que 5 % de l'expression des maladies.

Aujourd'hui, selon l'OMS, on peut pourtant affirmer que la cigarette a tué environ 100 millions d'individus au cours du XXe siècle.

Il est aussi intéressant de se pencher sur le cas des produits laitiers. Historiquement, la consommation de ce breuvage et de ses dérivés dont on nous a vanté les vertus bienfaisantes ne s'est répandue que lorsque l'homme s'est sédentarisé, a commencé à cultiver la terre et à élever du bétail. Si l'on devait compresser l'histoire de l'humanité en une seule année, cette consommation n'apparaîtrait que le 24 décembre vers 23 heures. L'homme est de surcroît le seul mammifère à boire le lait d'un autre animal. Parfois, il faudrait tout simplement faire preuve de bon sens. Dieu sait combien il nous en a manqué, en voici la preuve.

Au XIXe siècle, la pasteurisation va permettre la conservation du lait et donc son exportation. Cette industrie se développe alors grâce aux progrès du XXe siècle (machine à traire, réfrigération, centrifugeuse). Et elle explose, prévisiblement, au lendemain de la Seconde Guerre mondiale, comme la consommation en général, sous l'impulsion des lobbies et de l'État.

En 1954, Pierre Mendès France, président du Conseil, impose la distribution quotidienne, dans toutes les écoles de France, d'un verre de lait sucré à chaque enfant. Officiellement, c'est pour des raisons de santé publique et pour lutter contre l'alcoolisme infantile, mais, en fait, c'est surtout pour des raisons économiques et pour favoriser le productivisme de l'industrie agricole moderne.

Par la suite, les industriels vont se servir de la publicité pour rendre les produits laitiers en tout genre sexy et indispensables à la santé.

On connaît la chanson : le lait favoriserait la consolidation des os et serait naturellement si riche en calcium qu'il serait indispensable à notre alimentation.

La vérité est autre.

Non, les produits laitiers ne sont pas nos amis pour la vie, comme l'a pourtant scandé pendant des années cette publicité propagandiste.

Certaines majors, après avoir été plusieurs fois condamnées, grâce à des actions collectives aux États-Unis, à verser des dizaines de millions de dollars pour publicité mensongère, n'ont pas mis longtemps à devoir renoncer à ces allégations lorsque les autorités de régulation sanitaire françaises ont proposé de lancer des études pour vérifier la véracité de ces slogans qui enthousiasmaient tant la ménagère.

Je ne ferai pas ici l'inventaire des multiples conséquences néfastes du lait sur la santé, je n'expliquerai même pas combien ce lait a été systématiquement dénaturé, corrompu, saturé d'antibiotiques, de pesticides et d'OGM.

Je me contenterai de citer une étude majeure qui a fini de convaincre les industriels de progressivement se retirer de ce marché et d'en investir d'autres, comme celui de l'eau par exemple, pour amorcer petit à petit un changement de *business model*.

Cette étude significative, qui fait désormais mondialement autorité, est le rapport Campbell.

Thomas Colin Campbell est professeur émérite de biochimie nutritionnelle, spécialisé dans les effets à long terme de l'alimentation sur notre corps. Son livre examine les interactions entre la consommation de protéines animales, et notamment du lait, et des pathologies telles que les cancers, les maladies coronariennes ou auto-immunes, l'ostéoporose et les maladies dégénératives du cerveau.

Les auteurs s'appuient sur les données d'une étude comparative entre les taux de mortalité de certaines infections en Chine rurale et aux États-Unis.

Leurs conclusions sont sans appel : les régimes alimentaires riches en protéines animales (surtout ceux saturés de la caséine du lait de vache) ont des effets désastreux sur l'équilibre de nos organismes et favorisent le développement de tumeurs et de maladies graves. Ce livre vendu dans le monde entier est reconnu aujourd'hui comme le plus grand rapport épidémiologique de tous les temps.

En France, même l'Agence nationale de sécurité sanitaire de l'alimentation, de l'environnement et du travail (Anses) a révisé ses positions en 2017 et remis en question l'idée que la consommation de produits laitiers consolidait les os.

Mais le pouvoir de perversion de ces campagnes de désinformation est tel qu'il est devenu depuis longtemps, pour ainsi dire, irréversible : de la même manière que notre vision des choses s'est vue progressivement façonnée par le marketing, de la même façon que l'inconscient collectif s'est vu intoxiqué par des contrevérités méthodiquement entretenues par des industriels, dire la vérité, tenter de renverser l'ordre établi, passe pour vain, conspirationniste ou calomnieux. Quand vous tentez de le faire, personne ne peut ni ne veut vous entendre. Et on se retrouve malgré soi dans la position de l'idiot ou du fou du village – souvent, comme on le sait, un prophète qui s'ignore – à psalmodier des vérités inaudibles. Ce désir d'éthique est porteur d'une telle capacité à troubler le jeu qu'il est inévitablement retenu contre vous. C'est ce qui m'est arrivé. Et je tiens ici à en témoigner. Les lobbies de l'agroalimentaire ne m'ont pas loupé. Je me contenterai de vous raconter une anecdote si parlante et symptomatique qu'elle en est presque risible : lors d'une de mes interventions télévisées, j'ai décidé d'aborder un sujet que je maîtrisais déjà bien : la question du sucre et son pouvoir hautement toxique.

Dès 2002, pour faire face au cancer de ma femme, je me suis immergé dans l'étude des sciences du vivant, de la nutrition, des liens qu'elle entretient avec les mécanismes biologiques. Ensuite, en 2010, j'ai monté ma société Fitnext, première application de coaching alimentaire et sportif, mais qui est plutôt à mes yeux un système expert de santé durable, un outil de prévention des maladies. J'ai alors déjà de sérieuses connaissances dans le domaine de la naturopathie, de l'alimentation, de l'anatomie, de la biologie, en plus de mon *background* d'ancien sportif de haut niveau. Mon but obsessionnel était alors d'identifier ce qu'était le matériel nutritionnel nécessaire à l'organisme pour assurer ses fonctions vitales, cognitives et immunitaires. Ce que la naturopathie appelle l'homéostasie, c'est-à-dire l'équilibre biochimique intérieur.

Je tiens à souligner ici que l'ensemble des médecins – à moins qu'ils ne soient nutritionnistes –, qu'ils aient fait sept ou quatorze ans d'études, n'effectuent en tout et pour tout que quarante-huit heures de formation en nutrition et ne font, une fois diplômés, que répéter de manière incantatoire les recommandations du Plan nutrition santé. Or, à en croire notamment la longue enquête menée par Thierry Souccar, cette autorité de régulation aurait longtemps été infiltrée par l'industrie agroalimentaire.

Quand je prends donc la parole sur le plateau de Stéphane Bern en 2015, je veux informer le grand public des dangers de cette drogue qu'est le sucre, au moins autant addictive que la cocaïne, et du fait qu'elle est un promoteur du cancer. Je reviens de Bordeaux, où j'ai rencontré un directeur de recherches du CNRS, Serge Ahmed, dont je deviendrai très proche par la suite. Nous partageons bien plus que des idées, nous partageons un combat.

Mon reportage et mon entretien filmé avec lui sont diffusés. Il y explique qu'il a mené des expériences sur des rats, tous accros à la cocaïne : la seule manière de les faire décrocher est de leur donner du sucre. Alors ils lâcheront la drogue, mais ne renonceront en revanche plus jamais au sucre.

En retour plateau, j'explique ce que je sais après avoir découvert les travaux d'Otto Warburg, Prix Nobel de médecine en 1931 : le cancer résulte lui aussi de la fermentation des sucres, et les tumeurs tireraient leur énergie de la fermentation anaérobie du glucose.

C'est comme ça que l'imagerie des PET scans fonctionne. Elle en décèle les sources dans le corps, parce que, lorsque les tumeurs se sont développées, un processus se met en place : l'angiogenèse. C'est-à-dire qu'un circuit veineux s'installe autour de la tumeur pour lui fournir ce qu'elle réclame le plus, et ce qu'elle réclame le plus, c'est encore le sucre.

Éloquent, non ?

Quand j'ai pris le parti de dénoncer cette dangerosité, la réaction du Centre d'études et de documentation du sucre (Cedus) ne s'est pas fait attendre : du papier bleu.

Un courrier signé de ses avocats daté du 29 septembre 2015 m'est adressé ainsi qu'à la chaîne. Il m'était reproché « *d'abreuver le public de fausses informations* », ce qui était constitutif selon eux de « *dénigrements* ». Comme l'a souligné alors Thierry Souccar lui-même dans un article évoquant cette affaire, pour ceux qui suivent la communication très orientée du Cedus, on ne peut qu'éprouver une désolation cocasse à voir cette officine de propagande demander l'arrêt de « *fausses informations* ». Cet organisme se présente en effet comme un groupe interprofessionnel qui propose des renseignements « *sur le sucre et l'univers du sucré* ». Ils ont même le souci moral d'éduquer les palais de nos tout-petits aux produits traditionnels et à la nutrition, et organisent ce qu'on appelle « la Semaine du goût » – ni plus ni moins –, parrainée par le ministère de l'Agriculture et le ministère de l'Éducation nationale. C'est du dressage pur encouragé par l'État. On apprend à nos enfants à s'intoxiquer. C'est permettre aux industriels de prendre le pouvoir sur nos habitudes consommatrices et donc sur nos placards. Ce Cedus n'est en fait ni plus ni moins qu'un organe de désinformation et d'endoctrinement visant à promouvoir des produits toxiques issus des betteraviers et des raffineurs de saccharose. Cette Semaine du goût est l'une des manœuvres du Cedus visant à encourager nos enfants à consommer cette substance dont ils n'ont pourtant absolument pas besoin pour vivre. Comment nos ministères osent-ils, comme le dit Souccar, confier aux renards la gestion du poulailler ? Ils vont jusqu'à affirmer que le sucre et le diabète ne sont pas liés, pas plus que celui-là ne serait lié au surpoids ou au cancer. Toutes les études scientifiques le démentent. Le sucre tel qu'on le connaît, ce sucre raffiné, ce sucre dénaturé, ce sucre entièrement conçu – jusque dans sa texture – par l'industrie pour le commerce est le plus doux et le plus dangereux des poisons ordinaires.

Il y aurait en fait beaucoup à dire encore pour informer les gens avec rigueur.

D'après les travaux de Serge Ahmed, si le sucre est une drogue au moins aussi addictive que l'est par exemple la cocaïne, c'est pour des raisons neurobiologiques, chimiques et physiques bien précises.

Nous fonctionnons avec trois circuits de la récompense : le circuit dopaminergique, le circuit opioïde et le circuit endocannabinoïde.

Ces neurotransmetteurs, ces hormones, activent l'un de ces circuits.

La dopamine est un neurotransmetteur exclusivement *excitateur*. Quand il est stimulé, il produit aussi de la frustration : c'est ce mécanisme de récompense qui a été presque essentiellement « piraté » par les industriels, pour induire toujours plus de consommation, le tout, en organisant, par le marketing, la confusion entre plaisir et bonheur.

En revanche, et c'est le cœur du problème, le sucre est bien la seule molécule en mesure de stimuler ces trois circuits en même temps. Notamment le circuit opioïde impliqué dans le sentiment de plénitude : ce n'est plus seulement ce qui nous excite, mais aussi ce qui nous rassure, nous réconforte, nous apaise. C'est dire s'il peut remplacer avantageusement n'importe quel opiacé.

Contre le Cedus, le docteur Ahmed affirme donc bien qu'il existe aujourd'hui des preuves tangibles selon lesquelles le glucose, ou les aliments enrichis en sucres ajoutés, peut « *provoquer une récompense et une attirance extrême* ».

Découvrant cela, les industriels se sont bien sûr penchés sur la question et ont investi des millions de dollars dans la recherche et le développement pour étudier le palais humain, les papilles, leurs connexions avec le cerveau et l'atteinte d'une sorte d'orgasme gustatif nommé le « *bliss point* » – ou point de félicité.

Ce terme a été inventé par l'industrie pour désigner le niveau de sucre maximal que peut supporter un adulte pour activer la dépendance. Le premier à avoir appliqué ce terme aux aliments, un certain Howard Moskowitz, spécialiste de la psychologie expérimentale et formé à Harvard, est le grand chef d'orchestre des manipulations de l'agroalimentaire. Il est à l'origine de certains des produits les plus iconiques du marché et du retour en force de certaines boissons comme le Dr Pepper, qu'il a réinventé et propulsé au top des ventes.

Par le biais de la nourriture industrielle, les Américains, par exemple, ont fini par consommer l'équivalent de 22 cuillerées de sucre par jour – plus de 4 fois la dose recommandée. La *junk food* serait en fait en passe de devenir le tabac des années 2010 : cette malbouffe est conçue selon des critères étudiés en laboratoire, ni trop sucrée ni pas assez, pour provoquer cette sensation de bonheur comparable aux « flashs » des drogues dures.

Ce *bliss point* est obtenu grâce à une association idéalement pensée entre les dosages de sucre, de graisse et de sel. Cette sainte trinité est utilisée par l'agroalimentaire pour rehausser le goût et procurer un plaisir maximum dès la première bouchée, et vous le retrouvez dans plus de 80 % des produits transformés. Tout le monde en devient très vite dépendant. Qui est derrière tout ça ? me demanderez-vous. Tous les ans, onze dirigeants des plus grandes multinationales de l'agroalimentaire se réunissent clandestinement pour évaluer les risques qu'ils courent à vendre des produits nocifs pour la santé et dont l'effet cumulatif – le fameux effet cocktail – entraîne obésité, cancer et nombre de maladies inflammatoires. Ils se répartissent alors ce qu'ils appellent les « *stomach shares* », autrement dit les parts d'estomac disponibles. Grâce à ces mastodontes (céréaliers, fabricants de chips, de sodas, de plats préparés), l'humanité meurt désormais plus de trop manger que de famine.

Après guerre, shooter les masses au sucre et à la graisse saturée de sel comme au divertissement devient un projet politique en soi, décrit en 1995 par Hans-Peter Martin et Harald Schumann dans *Le Piège de la mondialisation*. Sous l'égide de la Fondation Gorbatchev, « *cinq cents hommes politiques, leaders économiques et scientifiques de premier plan* » auraient en effet établi que, « *dans le siècle à venir, deux dixièmes de la population active suffiraient à maintenir l'activité de l'économie mondiale* ». S'appuyant sur cette estimation, le principal problème politique du système libéral contemporain se pose alors brutalement en ces termes : comment arriver à gouverner les quatre-vingts pour cent d'humanité restants ?

Rendez-vous compte : leur inutilité se voit soudain décrétée et programmée par la logique capitaliste. Et la solution qui au terme du débat s'impose comme la plus raisonnable fut celle proposée par un politologue américain d'origine polonaise, Zbigniew Brzeziński, sous le nom de « *tittytainment* ». De quoi s'agit-il ? Tout simplement d'un « *cocktail de divertissement abrutissant* » et d'alimentation suffisamment régressive pour que les masses se trouvent réduites à l'état d'idiots addicts tétant toute la journée de la crème glacée, du sucre et de la série TV. Le XXe siècle aura effectivement été, à bien des égards, celui des obéissances collectives.

Que dire de la mise en vente de l'aspartame ? L'aspartame fut découvert par hasard en 1965 par un chercheur de la société Searle et reçut l'agrément commercial en 1974. Inutile de préciser l'intérêt industriel que présente une telle molécule alors justement que certains consommateurs se rendent compte des ravages du glucose sur l'organisme, et que l'obésité et ses conséquences sont déjà en passe de devenir un fléau. Imaginez donc une molécule au pouvoir sucrant intense, mais qui ne serait justement pas du sucre, ça ouvre un marché gigantesque et présente pour les grands groupes industriels un intérêt commercial majeur. Coup de larsen : deux mois plus tard, d'éminents scientifiques émettent une série d'objections après avoir découvert que des animaux de laboratoire développaient des crises d'épilepsie et des tumeurs après consommation d'aspartame.

Dès le mois de décembre 1974, la Federal Drug Administration (FDA) décide d'en suspendre l'autorisation de mise en circulation sur le marché. L'aspartame tombe alors dans l'oubli. C'est seulement quand Reagan arrive à la Maison-Blanche que ce dossier se voit exhumé. Ce n'est bien sûr pas un hasard. Reagan et le patron de Searle – Donald Rumsfeld, qui deviendra plus tard ministre de la Défense sous l'administration Bush – sont très proches. C'est donc bien encore Reagan qui décide de démettre l'ancien commissaire de la FDA – le responsable de la suspension de la commercialisation de la molécule – et de le remplacer par un certain Arthur Hayes, homme de paille totalement dévoué au pouvoir en place. Hayes passe alors en force. Il impose l'incorporation de l'aspartame aux boissons gazeuses contre l'avis défavorable de la nouvelle commission, et ce, juste avant d'intégrer le groupe Searle. Il y deviendra responsable des relations publiques. Le bon sens voudrait qu'on ait depuis le temps exclu l'aspartame du marché et qu'on l'ait interdit à la vente. Il n'en est rien, bien sûr. L'aspartame est l'édulcorant artificiel le plus courant. Il est utilisé massivement dans l'industrie agroalimentaire – présent dans plus de 6 000 produits – et dans l'industrie pharmaceutique – plus de 500 produits. Plusieurs études indépendantes ont été menées sur des rongeurs, pourtant, à grande échelle, et ont montré que l'aspartame causait bien le cancer. Mais l'European Food Safety Authorithy (EFSA) reste sur sa position des années 1970 en rejetant toutes les études n'émanant pas des majors de sodas mondialisées. Ses conclusions sont formelles : « *À la suite d'évaluations approfondies, l'aspartame a été considéré sûr pour la consommation humaine et est autorisé depuis de nombreuses années dans de nombreux pays.* » Toutes les études indépendantes qui ne vont pas dans ce sens se voient alors rejetées au nom d'autres études financées par de grands groupes. Pourtant, l'EFSA précisa en 2011 devant le Parlement européen qu'elle n'avait jamais disposé des fameuses études disculpant l'aspartame et datant des années 1970.

Enfin, les règles fixées par l'EFSA en matière d'évaluation de risques sont suffisamment laxistes pour que ces mêmes grands groupes aient une marge de manœuvre importante. L'ONG Corporate European Observatory (CEO) explique même que certaines lignes directrices de l'EFSA ont été « *critiquées comme étant biaisées en faveur des intérêts de l'industrie au détriment de la santé publique* ». Les moyens mis en œuvre pour désinformer les populations ont été si massifs, ils se sont si bien appuyés sur la science pour créer de la confusion, que peu de gens sont en mesure d'oser remettre en question les expertises énoncées par ce type d'organisme agréé sans craindre de passer pour conspirationnistes. Nous sommes bien entrés dans une ère postorwellienne. Et notre seule manière d'en sortir est d'œuvrer à retrouver une conscience libre. Une conscience qui ne cède jamais sur le souci, exigeant, de n'être dupe de rien ni de personne.

Conflits d'intérêts

Imaginez un monde dans lequel une multinationale de la pétrochimie déciderait un jour de conquérir la gouvernance mondiale de l'alimentation, en organisant des années durant, à force de lobbying et de jeux d'influence au niveau des plus hautes autorités internationales de régulation sanitaire, son monopole sur le marché des semences : elle aurait ainsi créé toutes sortes de graines – souvent génétiquement modifiées et structurellement dépendantes de leurs propres intrants chimiques (pesticides, antifongiques, etc.). Elle produirait en parallèle une double narration perverse, se présentant au monde comme un acteur providentiel, lui seul capable d'enrayer la famine mondiale (aggravée encore par les problèmes de démographie galopante et de surpopulation, comme nous l'avons déjà dit). Cette même multinationale prétendrait encore débarrasser le monde agricole des aléas climatiques, des impératifs liés à son calendrier saisonnier et même de ses compétences ancestrales puisque la technologie dispenserait de toute nécessité d'avoir à connaître la terre et le vivant. Tout est prêt à planter, tout est prêt à épandre, sans même plus avoir à penser les dynamiques et les lois naturelles qui régissent la vie paysanne. Entrer dans cette logique relève évidemment du pacte faustien : cette firme induirait en fait progressivement une dépendance exclusive à ses produits. Et les agriculteurs, pensant se faciliter la vie – et Dieu sait combien leur quotidien est rude –, se retrouveraient ainsi asservis sans l'avoir anticipé. Ils auraient perdu, et ce de manière irréversible, toute liberté d'action et toute possibilité de penser souverainement leur activité. Ce serait en fait un retour à un ordre féodal qui ne dirait pas son nom. Cette multinationale tentaculaire aurait également travaillé à rendre obsolètes ou hors la loi toutes les autres graines ancestrales qui faisaient la richesse de la biodiversité du patrimoine mondial de l'agriculture. En réalité, derrière l'apparente noblesse de sa mission – qu'elle porterait comme un étendard –, cette multinationale dégagerait des profits faramineux et serait à l'origine d'une grande partie de l'empoisonnement massif et systématique de la biosphère et de l'humanité.

Imaginez ensuite qu'un géant de l'industrie pharmaceutique, dont la raison d'être serait de guérir les citoyens en fabriquant des médicaments, aurait compris qu'il fallait pour prospérer infiltrer de manière de plus en plus subtile et de plus en plus invasive la vie des gens pour que la médication devienne une béquille dangereusement ordinaire. Il accompagnerait le malade des années durant, prolongeant alors son espérance de vie, sans jamais toutefois le guérir totalement.

Que penseriez-vous si je vous disais que ce monstre de l'industrie pharmaceutique décidait de s'unir avec le géant tentaculaire précédemment évoqué, et qu'on en viendrait donc tous à vivre sous la coupe et l'influence, totale et révoltante, d'une hydre à deux têtes dont l'une mettrait petit à petit en place, au nom de la rentabilité, les conditions de notre empoisonnement, quand l'autre travaillerait à nous vendre celles de notre guérison, ou plutôt, si on veut être précis, celles de l'apprivoisement de nos pathologies – car cette médecine, en fait, nous guérit moins qu'elle nous permet de mieux vivre avec la maladie, nous vend les moyens d'agir sur nos symptômes, et donc de moins souffrir, mais sans jamais nous libérer des causes profondes de notre mal, puisque notre mal est nécessaire à sa prospérité. Alors ? Vous me répondriez que cela n'est pas envisageable dans une société démocratique et que cela ne pourrait voir le jour que dans une fiction d'Orwell, toujours lui.

C'est pourtant ce qui s'est passé le mercredi 14 septembre 2016 lorsque le groupe pharmaceutique Bayer racheta le géant Monsanto pour 59 milliards d'euros.

Entendons-nous bien, les pontes de Monsanto et de Bayer ne sont pas nécessairement d'atroces salauds cyniques. Ils sont plus vraisemblablement saisis, comme nous, dans une dynamique malade, favorisée par l'économie mondiale, financiarisée, et intensément abstraite. Le mal, en dernière analyse, renvoie toujours aux vertiges de l'abstraction et à la passion maniaque du déni. Il nous immerge dans un monde glaçant où ceux qui jouent un rôle décisif dans ces entreprises criminelles devront bien un jour répondre de leurs actes, mais où, au fond, la recherche des causes est toujours vaine.

Ici non plus, il n'y a pas de pourquoi.

D'autres faits ? En voici une liste non exhaustive :

2008 : Diana Banati, scientifique hongroise, spécialiste de l'alimentation, membre du conseil d'administration de l'EFSA depuis 2006, en prend la direction. Sous son règne, cette autorité de régulation assure une mission d'expertise scientifique auprès de la Commission européenne, en matière de produits alimentaires, et notamment d'organismes génétiquement modifiés.

2012 : la présidente du conseil d'administration de l'EFSA se révèle être également membre du conseil d'administration d'une association regroupant les plus grandes entreprises de l'industrie agroalimentaire : c'est José Bové, député européen (Europe Écologie), qui l'annonce à l'occasion d'une conférence de presse à Bruxelles, le mercredi 29 septembre.

Les documents présentés font apparaître que Diana Banati aurait caché son appartenance aux instances dirigeantes de la branche européenne de l'International Life Science Institute (ILSI), où elle côtoie des représentants de dix grandes entreprises comme Kraft Foods, Nestlé ou Danone.

L'ILSI est en fait une organisation internationale regroupant plus de 400 entreprises. Créée en 1978 aux États-Unis, elle vise, selon son site Internet, à « *améliorer la santé et le bien-être du public en rassemblant des scientifiques de l'université, du gouvernement et de l'industrie dans un forum neutre* ». Elle « *est financée par l'industrie, les gouvernements et des fondations* ». La liste de ses membres comprend les plus grandes entreprises de l'agroalimentaire, notamment, pour ce qui concerne les OGM : Monsanto, BASF, Bayer ou Syngenta, ainsi que tous les géants du *big pharma*.

L'ILSI joue un rôle de lobby cherchant à influencer les décisions politiques. Dans les années 1980 et 1990, elle a ainsi relayé les efforts des fabricants de tabac pour affaiblir les initiatives de l'OMS : en 2006, à la suite de plusieurs enquêtes, l'OMS a d'ailleurs exclu l'ILSI de la liste des organisations pouvant participer à ces activités.

L'ILSI travaille aussi sur les plantes transgéniques et intervient dans les processus d'évaluation de l'EFSA : dans un de ses avis sur un maïs transgénique de Monsanto, cette autorité s'appuie ainsi sur un document de l'ILSI.

Ces différents éléments ont conduit José Bové à réclamer la démission de Diana Banati. « *L'EFSA n'a pas d'autonomie, elle est inféodée aux lobbies*, estime le député européen, qui est aussi vice-président de la commission agriculture du Parlement européen. *Son mode de fonctionnement doit être revu de fond en comble.* »

José Bové indique avoir transmis, en juillet, le dossier au commissaire européen à la Santé et à la Protection des consommateurs, John Dalli.

Suite à ce scandale qui éclabousse l'Autorité européenne de sécurité des aliments, et qui trahit les conflits d'intérêts majeurs dans lesquels Diana Banati s'est enferrée, elle démissionnera, renoncera à son mandat à la tête de l'EFSA, pour rejoindre la direction européenne de l'ILSI.

2015 : le Centre international de recherche sur le cancer (CIRC), la plus haute autorité scientifique sur ce sujet, qui émane de l'OMS, a considéré que le glyphosate était un « *cancérigène probable* ». En langage scientifique, c'est une condamnation sans appel. Aucun scientifique indépendant ne remettrait en cause les conclusions du CIRC. Elles sont incontestables.

Néanmoins l'EFSA et l'Agence européenne des produits chimiques (ECHA) ont nié cette classification.

Août 2018 : Monsanto est condamné à versé 78 millions de dollars à un jardinier atteint d'un cancer. La justice américaine considère que ce cancer est dû à son exposition constante au glyphosate.

2019 : Monsanto est condamné à payer 2 milliards de dollars à un couple de septuagénaires atteints d'un cancer, dont 55 millions de dollars à titre compensatoire. Cette condamnation intervient dans un climat de suspicion déjà épais : Bayer est au centre d'une polémique orageuse en France, car Monsanto, qui désormais lui appartient, aurait embauché une agence de communication, Fleishman-Hillard, pour recenser et ficher des centaines de personnalités en fonction de leur position sur le glyphosate. Ces révélations ont amené à l'ouverture d'une enquête.

12 mai 2019 : le sénateur UDI de Haute-Garonne, Pierre Médevielle, déclare dans un entretien publié dans *La Dépêche du Midi* que « *le glyphosate est moins cancérigène que la charcuterie* ». Cet entretien visait à introduire les conclusions d'un rapport parlementaire : « *À la question, le glyphosate est-il cancérigène ? la réponse est non ! Il est moins cancérigène que la charcuterie ou la viande rouge, qui ne sont pas interdites.* » Il prétendait s'appuyer sur « *une enquête parlementaire explosive* », qui en fait n'existe pas. Cédric Villani, député LREM et premier vice-président de l'Office parlementaire d'évaluation des choix scientifiques et technologiques (OPECST), très agacé, analyse qu'il a fallu alors « *empêcher la propagation de la rumeur* ».

En effet, depuis mars 2015, date à laquelle on a classifié le glyphosate comme « cancérigène probable », trois études épidémiologiques indiquent une élévation du risque de lymphome ou de myélome chez les professionnels exposés à des herbicides à base de glyphosate. Quant à la fameuse sortie sur le Roundup, qui serait « *moins dangereux que la viande rouge ou la charcuterie* », il s'agirait d'un élément de langage, conçu par les forces vives de Fleishman-Hillard. En effet, dès janvier 2016, cette agence de relations publiques mandatée par Monsanto faisait la promotion de cette brillante idée dans un mail adressé à des journalistes.

Il me semble inutile de poursuivre l'inventaire des multiples conflits d'intérêts qui existent à l'échelle nationale et internationale. Ces faits sont suffisamment éloquents et traduisent à eux seuls l'ère dans laquelle nous semblons aujourd'hui bel et bien piégés. De l'histoire des cigarettiers à celle de Monsanto, des firmes mondialisées capitalisent et prospèrent sur notre mort à venir avec la complicité aveugle des États.

Mythologie de la croissance

Nous l'avons vu en première partie, en 1972, quatre jeunes scientifiques du Massachusetts Institute of Technology rédigent à la demande du Club de Rome un rapport intitulé *Les limites de la croissance*, connu aussi sous le titre « rapport Meadows », du nom d'un de ses signataires. Il va choquer le monde entier. Leur analyse établit clairement les conséquences dramatiques d'une croissance économique et démographique exponentielle dans un monde fini. En simulant les interactions entre population, croissance industrielle, production alimentaire et limite des écosystèmes terrestres, ces chercheurs élaborent des scénarios. Nous sommes avant la crise pétrolière de 1973, et, pour tout le monde, la notion même de « croissance économique », de développement des forces productives, d'extension du domaine des techniques et de la colonisation de la nature par la science ne se discute pas. Aujourd'hui encore, cette mythologie de la croissance reste l'alpha et l'oméga des politiques publiques. Avons-nous pourtant le moyen de maintenir le mode de vie des pays riches ? Non. Dans à peine trente ans, la plupart de nos activités quotidiennes feront partie de la mémoire collective. On se dira : « *Je me souviens, avant, on prenait l'avion* », ou « *Il suffisait de sauter dans une voiture pour se rendre où on voulait.* » Pour les plus riches, cela durera un peu plus longtemps, mais, pour l'ensemble des populations, ce sera bientôt terminé. On évoque souvent l'image d'une voiture folle qui foncerait dans un mur. Du coup, les gens se demandent si nous allons appuyer sur la pédale de frein à temps. Pour moi, comme pour Dennis Meadows et ses trois collègues, nous sommes à bord d'une voiture qui s'est déjà jetée de la falaise. En 1972, à la limite, nous aurions pu changer de trajectoire. À cette époque, l'empreinte écologique de l'humanité était encore soutenable. Aujourd'hui, la notion même de croissance est morte, depuis longtemps. Mais, en revanche, la foi que nous avons en elle perdure. C'est ça que j'appelle une « croyance folle ».

Enseignement de l'ignorance, ou création d'institutions qui standardisent le savoir

Mais comment le monde entier peut-il communier dans une croyance folle ?

En 1979, dans *La Culture du narcissisme*, l'historien et sociologue Christopher Lasch nous dit : « *L'éducation de masse, qui se promettait de démocratiser la culture, jadis réservée aux classes privilégiées, a fini par abrutir les privilégiés eux-mêmes.* » Il explique que la société moderne a également produit de nouvelles formes d'ignorance. Certains, comme le philosophe Jean-Claude Michéa, vont jusqu'à dire qu'un courant de fond transforme l'école : sous couvert de « *démocratisation de l'enseignement* », il s'agirait en fait, selon lui, de mettre en place par le système éducatif « *l'une des bases logistiques décisives à partir desquelles les plus grandes firmes transnationales pourront conduire avec toute l'efficacité voulue la guerre économique mondiale* ».

Pour lui, la transmission aux élèves de savoirs réels nécessite un enseignement beaucoup plus exigeant – *a fortiori* critique –, tout comme l'apprentissage des comportements civiques élémentaires ou même, tout simplement, l'enseignement de la droiture et de l'honnêteté. Or cet enseignement-là n'offre « *aucun intérêt pour le système* », nous dit-il. Je le concède, l'humanisme ne fait pas loi dans le business. Et la férocité est partout valorisée comme une valeur cardinale. De là à dire que le système scolaire est conçu pour former, avant tout, de futurs consommateurs, non, je n'irai certainement pas jusque-là. L'école reste le lieu privilégié de l'éveil des consciences.

Mais, une fois cela dit, des penseurs majeurs comme Ivan Illich ont eux aussi, et ce depuis longtemps, et de manière bien plus forte, remis en question des institutions aussi intouchables que celles de l'école.

Illich fait partie de ces intellectuels à la fois méconnus et incontournables. C'est une des grandes figures critiques de la société industrielle et des nouvelles technologies, une des figures intellectuelles des années 1970 les plus radicales et les plus solaires : résistant de la première heure, d'origine juive et de culture catholique, à la fois – comme beaucoup d'Américains de gauche – marxiste et libertaire, il étudie la théologie et devient prêtre dans les années 1950. Venant d'une famille aristocrate, il avait toutes les raisons de devenir l'un des pontes de l'Église ou du Vatican, mais il préfère partir aux États-Unis au début des années 1960. Il se passionne alors pour la population portoricaine, dont la foi le bouleverse. Il mourra en 2002 des suites d'une tumeur qu'il a choisi d'assumer jusqu'au bout sans l'opérer, considérant que les cancers étaient l'exemple type de la maladie traitée de manière perverse – c'est-à-dire que le patient meurt de guérir, nous y reviendrons. Il y aura survécu vingt ans.

Dès 1970, il a cru voir dans l'enseignement obligatoire et les diplômes autant de faux progrès qui consistent essentiellement à produire des élèves calibrés et dociles, préparés par les autorités à obéir aux institutions, quand la véritable éducation consisterait, elle, à éveiller le goût de créer, la joie de penser et, au contraire, le désir de rompre avec le conformisme.

Illich allait même jusqu'à se demander si le système scolaire ne se révélait pas au fond une entrave au droit de l'instruction. Et on peut dire aujourd'hui que non seulement l'éducation, mais la réalité sociale elle-même se sont dangereusement scolarisées : nous sommes tous en permanence – qu'on aille à l'hôtel, qu'on prenne un Uber ou qu'on aille chez Darty, sur le site de la Fnac, Amazon ou encore Linkedln – en train de nous noter les uns les autres. Peut-on imaginer plus humiliant qu'une société où les rapports sont régis par l'évaluation systématique et constante ? Tout est conçu pour enseigner la soumission et même peut-être, comme je l'ai déjà évoqué, une certaine forme d'ignorance. Il s'agirait de rendre impuissants les individus, d'annihiler en eux la capacité même de pouvoir s'interroger, d'associer la pensée et la vie, d'en faire un mouvement naturel de communion du corps et de l'âme.

Tout est conçu pour enseigner la soumission et même peut-être, comme je l'ai déjà évoqué, une certaine forme d'ignorance.

L'État a en fait tendance à revendiquer et à vouloir imposer l'idée selon laquelle il serait l'unique instance à pouvoir produire et promouvoir le progrès, le seul à pouvoir encourager et même financer l'imagination en matière écologique, scolaire ou sociale.

Mais Illich expliquait déjà que confondre l'école obligatoire et la volonté d'assurer à tous des possibilités éducatives égales, c'était confondre la bureaucratie et la vie, l'Église et le salut – c'est-à-dire le fait d'aller à la messe tous les jours en petit fonctionnaire de la foi et de la rédemption éventuelle –, le religieux, c'est-à-dire l'aliénation collective régie par l'institution, et le sacré – autrement dit le rapport individuel et libre à Dieu.

Selon lui, l'école serait même « *devenue la religion mondiale d'un prolétariat modernisé qui offrirait de vaines promesses aux pauvres et aux perdus de l'ère technologique* ». L'école enseignerait à l'enfant, avant toute chose, qu'il a besoin de l'institution pour s'instruire et qu'il y vient pour capitaliser du savoir. Cette capitalisation neutraliserait le plaisir même d'apprendre, la capacité d'étonnement des individus, la vitalité de la pensée qui nécessairement tâtonne, se cherche, s'inquiète de ses égarements en s'affirmant.

Pour Illich, l'école n'est rien d'autre qu'un lieu qui rationalise et marchandise le savoir, ce qui est d'autant plus vrai aujourd'hui puisque même notre école républicaine se voit petit à petit dépossédée de sa capacité à produire des élites issues de milieux populaires. Elle permet en revanche aux classes les plus favorisées de se perpétuer elles-mêmes.

J'ai moi-même toujours ressenti l'école comme un univers carcéral. Et mon milieu familial était le lieu où, par excellence, on valorisait la compétition, le haut niveau, le classement, la gagne. J'ai été dressé pour vaincre, condamné à réussir. J'en connais le prix. J'y ai sacrifié la part la plus fragile de moi-même, celle qui était sans doute, en fait, la plus précieuse. C'est elle que je tente de reconquérir, je crois, en écrivant.

L'école n'est pas la seule institution qu'Ivan Illich attaque, il souligne déjà aussi dans *Némésis médicale* l'obsession des pays développés pour la santé parfaite. C'est même devenu selon lui *le* facteur pathogène dominant des pays riches. Il montre combien le rapport de l'individu à la santé a changé depuis un demi-siècle : l'homme a entièrement délégué aux institutions le destin de sa santé.

La déresponsabilisation de celui qu'on appelle aujourd'hui le « patient » est totale, il n'est d'ailleurs jamais censé recouvrer sa vigueur par lui-même. Et les savoirs traditionnels et ancestraux ont été ridiculisés par la médecine moderne : l'individu est devenu désarmé face aux techniques mythifiées des hôpitaux ou des experts, et quoi qu'il vive ou traverse (maternité, vieillissement, *burn out*, désir de minceur), la médecine institutionnalisée fait aujourd'hui partie de son quotidien.

On arrive à une consommation thérapeutique quasi permanente.

L'État a réussi à nous imposer la fiction selon laquelle les organismes agréés seraient l'inévitable panacée à nos problèmes.

Or on sait là encore que l'État n'a pas su résister à la puissance de l'industrie pharmaceutique. Elle s'est infiltrée partout, dans tous les centres décisionnaires, dans le champ politique, et au niveau de toutes les hautes administrations publiques, ainsi que dans la profession médicale : tous les acteurs de ces secteurs sont devenus les simples porte-voix de l'industrie. On nous apprend alors à intérioriser ces discours, à s'en remettre mécaniquement aux institutions pour une question aussi cruciale que notre vie, notre mort.

Au point que ce qu'on appelle la « iatrogenèse » est devenu à la fois un phénomène de société et un problème de santé publique.

De quoi s'agit-il ? On évoque en fait l'ensemble des conséquences, parfois désastreuses, de tout acte pratiqué ou prescrit par un professionnel, et qui vise à préserver, améliorer notre état de santé, nous rétablir ou du moins à réduire les symptômes dont nous souffrons.

Autrement dit, on n'évoque ni plus ni moins la manière dont la médecine, parfois, nous rend malades.

J'en ai été le témoin direct : mon frère s'en est allé le 12 avril 2014 des suites d'un cancer du pancréas. Ma sœur et moi, durant les cinq dernières semaines de son existence, l'avons accompagné jour après jour dans ce combat perdu d'avance, qu'il menait pourtant avec dignité et foi. J'ai été le témoin impuissant et révolté de l'acharnement de cette médecine méthodique et invasive qui lui a fait croire jusqu'au bout que les soins agressifs qu'elle prescrivait étaient un mal nécessaire.

Durant ses dix derniers jours, il a subi sept chimiothérapies et cinq séances de radiothérapie qui ont eu raison de sa force et de son courage. Ce n'est pas la maladie qui l'a tué, ce sont les traitements. Cette souffrance des deux derniers mois aura été inutile et coûteuse, à tout point de vue.

Combien de scandales ont-ils éclaté ces derniers temps ? Il suffit de citer pêle-mêle celui du Mediator, du Levothyrox ou encore celui qui s'annonce comme le plus spectaculaire du siècle : celui des statines.

Bien sûr, il ne s'agit pas d'inciter les gens à refuser tout médicament ou soin médical, mais seulement à reprendre le pouvoir sur eux-mêmes : sur leur maladie, sur leur corps, sur leur esprit. C'est ce que j'essaie de faire, à mon niveau : en tant qu'ancien coureur, j'ai toujours été émerveillé par l'intelligence déployée, mise au service du corps de l'athlète. J'ai voulu, rompant avec ma carrière dans les conditions qu'on sait, mettre ce savoir-faire au service du plus grand nombre. Quand j'ai su, en 2002, que ma femme était atteinte d'un cancer, j'ai renoué avec de vieilles habitudes, interrogé les médecins sur le détail des protocoles, sur les raisons du choix de telle option plutôt qu'une autre, sollicitant l'avis d'amis praticiens, cherchant dans la littérature spécialisée quels mécanismes physiologiques étaient engagés. Je me suis intéressé aux médecines alternatives aussi. Bref, j'ai questionné la médecine officielle et, sans la disqualifier pour autant, j'ai refusé de m'en remettre à certains diagnostics définitifs. J'ai agi par des moyens profanes et élémentaires sur cet organisme qui se détruisait soudain lui-même et devenait fou. C'est ainsi qu'on s'en est sortis, et notamment grâce au jeûne.

Illich va plus loin dans son livre, il invite les gens à remettre en cause tout ce qui les rend peut-être malades dans cette vie que nos sociétés modernes ont imposée au quotidien : l'école, l'entreprise, le pavillon à crédit, le couple ou même parfois la famille.

Tout le monde pense que ces prisons-là sont obligatoires.

C'est une grossière erreur et une source de souffrance. Il est clair pour lui que la civilisation capitaliste fait consommer d'une part ce qui nous détruit, d'autre part ce qui est censé nous réparer mais nous ravage parfois encore.

Ce qu'on appelle la croissance – et que nous avons déjà évoqué – trouve, en dernière analyse, dans cette dynamique perverse, son ressort principal.

Nous savons bien aujourd'hui que les maladies apparaissent et disparaissent en fonction de notre environnement, de notre alimentation, de notre habitat, de notre mode de vie. Les épidémies actuelles les plus répandues sont toutes des maladies dégénératives, de civilisation, que la médecine ne sait ni prévenir, ni même souvent guérir : cancer, pathologies cardio-vasculaires, rhumatismes, etc. Or ces maladies frappent une proportion croissante de la population, et ce malgré le recours à des protocoles de soins de plus en plus lourds, de plus en plus sophistiqués et de plus en plus chers aussi. Pourtant il suffirait de constater que des civilisations différentes de la nôtre, moins technologisées, plus à même d'appréhender l'organisme comme un tout, jusque dans ses tares et ses pathologies, et sur lequel les individus peuvent pleinement agir, en sont exemptes. Ces gens ne considèrent pas leur foie ou leur cœur comme des éléments distincts devant être soumis à des études objectives d'experts. Non pas qu'il faille disqualifier les experts, ils ont dans certains cas, cela va sans dire, leur raison d'être et leur pleine légitimité. Ils sont même souvent indispensables, c'est entendu. Mais peut-être faut-il simplement déconstruire l'idée selon laquelle l'institution médicale est ce qui *garantit* la santé. Comme il faut déconstruire l'idée que le couple ou l'opulence *garantit* le bonheur. Parce que c'est ainsi qu'on se piège.

Aujourd'hui, comme dans *Le Meilleur des mondes*, ne pas être heureux, c'est être malade. Ne pas être beau, c'est être malade. Ne pas correspondre aux critères agréés, c'est être malade. Ne pas mettre en scène ce qu'on appelle son bonheur, c'est devenu suspect. Dans les faits, un Français sur quatre prend des psychotropes, 17,4 % des Français prennent des anxiolytiques, près de 10 % prennent des antidépresseurs, alors que 5 % seulement sont diagnostiqués souffrants. Un peu moins d'un Français sur sept a recours aux benzodiazépines.

Après avoir moi-même traversé de très sombres périodes ces dernières années et me servant bien entendu des réseaux sociaux pour entretenir une relation privilégiée avec mes lecteurs, ou les gens qui me suivent, après des années à chroniquer à la télévision, je me suis souvent vu reprocher de ne pas toujours sourire sur les photos que je postais. Mon entourage professionnel, au sein même de ma propre entreprise, me culpabilisait de ne pas cacher mon désarroi lors du décès de mon frère, de certains de mes proches amis cyclistes suicidés, ou lorsque la femme de ma vie décida de mettre un terme à notre relation. On me reprochait la gravité de mes propos, de mes réflexions : ce n'est pas bon pour le business. On m'opposait que les autres « influenceurs » (je déteste ce mot !) étaient toujours positifs, que les coachs, les auteurs, ou encore les autres chefs d'entreprise transmettaient une énergie communicative. Cette dictature du bonheur me révulsait ! Pour moi qui consacrais mon existence à découvrir l'importance réelle des choses, à essayer de comprendre leur sens caché, et à chercher mes limites dans tous les domaines pour enfin les éprouver et les dépasser, j'étais révolté de ne pas jouir du droit fondamental d'être moi-même. Non, je n'étais pas heureux. La vie n'est pas un conte de fées. Ma vie, comme d'autres, a été salement rude parfois. Je me suis souvent réfugié dans des paradis artificiels qui ont exacerbé ma souffrance, mais qui m'ont aussi beaucoup appris. C'est vrai, j'ai souvent cultivé ma peine. Elle m'accompagne encore souvent. Je me souviens d'une lecture adolescente d'un livre d'André Gide, *L'Immoraliste*, où il évoquait

Tout peut devenir moteur.

le sentiment tragique de la vie. Ce sentiment, je le porte depuis l'enfance, intensément. Il m'a, toute ma vie durant, accompagné. Je ne sais pas si on peut guérir de l'angoisse, je ne sais pas si on doit guérir de l'angoisse. Il faut apprendre à vivre avec, il faut apprendre à la combattre, à se coucher contre elle et à la vaincre, il faut apprendre à la subvertir. Tout peut devenir moteur. On ne peut pas demander aux médecins d'annuler de nos vies le chagrin ou la peur. Ce sont des passions élémentaires. Pourtant la médecine nous invite à nous en défaire, scientifiquement, comme si c'était la solution. Elle nous offre des lits de mort chimiques.

Non pas que les médecins soient machiavéliques, mais la structure dans laquelle ils s'inscrivent tend, comme tous les marchés, on le sait, à créer du besoin. L'État comme les industries gagnent à faire de nous des êtres dépendants.

C'est ça qu'il faut comprendre : en tant qu'institution *sociale*, la médecine est chargée d'atténuer les symptômes qui rendent les patients inaptes à remplir le rôle que la société leur octroie. En déléguant systématiquement la nécessité de prendre soin de soi à des experts que nous payons pour traiter des symptômes, nous nous détournons des raisons fondamentales de notre mal-être. Autrement dit, la médecine, en considérant les maladies comme des anomalies accidentelles, en masque en même temps souvent les raisons structurelles. Elle nous aveugle et devient elle aussi un outil agréé visant à faire accepter aux citoyens l'inacceptable. Ainsi les pouvoirs publics se félicitent-ils – à raison – de la construction ou de la rénovation de nouveaux hôpitaux, mais jamais d'avoir réduit les facteurs objectifs environnementaux ou sociaux des maladies (qualité d'environnement, milieu de vie, droit du travail…).

Nous sommes tous aliénés à une idée mythique de la santé, et la médecine contemporaine entretient en nous la croyance selon laquelle notre état de santé dépendrait en fait de la consommation de soins spécialisés et technologisés, ou de drogues. Il est clair que nous encourageons ainsi la dépendance des gens bien portants comme des malades aux institutions publiques – dépendantes elles-mêmes des grands laboratoires pharmaceutiques. Ces institutions ajoutent alors leurs poisons à ceux de nos modes de vie mondialisés.

Or, être en bonne santé, c'est être capable d'assumer la puberté, l'angoisse, le vieillissement, la solitude.

C'est parfois savoir aussi user de méthodes profanes et peu coûteuses pour prendre soin de soi, avoir une hygiène de vie rigoureuse. En dernière analyse, la surmédicalisation, comme l'explique Jean-Pierre Dupuy dans *L'Invasion pharmaceutique*, dispense, voire empêche l'individu d'assumer et de traverser certaines périodes difficiles ou dysfonctionnelles, d'accepter une fois pour toutes qu'elles font simplement partie de notre vie. C'est ça qu'Illich appelle la iatrogenèse : l'engendrement structurel de la maladie par l'institution médicale.

Et là aussi, c'est sans doute une illusion, à la fois réconfortante et toxique, à déconstruire : ce n'est pas la médecine qui nous assure d'être heureux, ni même épanouis. Les fondements de notre bien-être sont même toujours au contraire, la plupart du temps, extra-médicaux et fondés sur la réconciliation des individus avec leur travail comme avec leur environnement. Car, bien sûr, nous sommes d'autant plus susceptibles de tomber malades que notre travail nous ennuie ou nous amoindrit, que nos activités sont creuses et absurdes, que les gens que l'on fréquente ont été rencontrés pour de mauvaises raisons sur des réseaux conçus pour qu'on dépende d'eux, en nous faisant consommer du vide, que nos vies sont fades – faites de photos de salades shootées sur Instagram et d'achats compulsifs mis en scène dans les boutiques de fringues, de placements de produits qui tiennent lieu d'activité, d'emprunts de phrases de romans ou de penseurs qu'on ne connaît pas, mais dont on fait des citations tronquées et mortes. Ou qu'on prétend embrasser des causes qui ne sont en fait que les faire-valoir de nos vies manifestement géniales, mais en fait secrètement nulles, dépourvues de substance, vaines. Tout s'aseptise, tout se vide.

On encourage par là une médiocrité à la fois morbide et ivre d'elle-même, et c'est précisément en ce sens aussi que nos vies sont pathogènes : même quand elles prétendent nous enthousiasmer, elles nous enfoncent dans le néant et la vanité.

Elles multiplient les facteurs de morbidité et sapent dans le même temps les fondements existentiels et vitaux de la santé. Nos vies pour la plupart puent la mort – et nous ne nous en rendons même plus compte parce que, d'une certaine manière, notre monde contemporain a depuis l'après-guerre et la guerre froide mis en place les conditions de notre aveuglement.

Pourtant, encore une fois, les anthropologues le savent bien : les individus ne sont pas seulement malades à cause d'événements accidentels, enrayables au moyen de soins techniques. Ils sont, plus simplement, malades de la vie qu'ils mènent – et du mensonge dans lequel ils se maintiennent.

Résumons : morbidité croissante, indifférence à la vraie prévention, surconsommation spectaculaire de soins et de médicaments qui n'agissent que superficiellement sur certains symptômes sans traiter les causes profondes de ce dont nous souffrons : comment se fait-il que la médecine s'accommode de cette situation absurde et accepte elle aussi de nous entretenir dans l'illusion selon laquelle la consultation et la prescription seraient la panacée ? Notre conception de la fonction médicale est dépassée, profondément marquée par l'idéologie bourgeoise : le corps est une mécanique dont les rouages se dérèglent, le toubib un ingénieur qui les remet en place par des interventions chirurgicales ou chimiques. À la différence de la médecine antique, cette médecine bourgeoise ne connaît que les individus, non les ensembles. Cela tient aussi au rapport de clientèle du médecin à ses patients. Le médecin s'adapte à la demande du patient qui veut qu'on le soulage tout de suite, tel qu'il est, dans ce monde, tel qu'il est.

Ça se comprend tout à fait. Mais du coup on soigne le mal et pas l'origine du mal. Personne ne demande plus aux experts de voir, au-delà des cas individuels, les causes sociales, économiques ou écologiques de la maladie. La médecine devient ainsi une « science » bizarre qui étudie minutieusement des éléments partiels sans prendre en considération la structure globale à laquelle ils se rapportent. Seuls quelques pionniers, missionnaires, têtes brûlées, s'intéressent à l'épidémiologie, à la biologie des populations, à l'anthropologie, aux maladies du travail. Ces authentiques chercheurs, s'ils sauvent l'honneur du corps médical, n'ont aucune influence sur l'exercice des praticiens : la santé des populations ne fait l'objet d'aucune demande rentabilisable, personne ne paie les médecins pour qu'ils s'en occupent et rien, d'ailleurs, dans leur formation, ne les prépare à conseiller les gens sur la meilleure façon d'assainir leurs habitudes.

Les thérapeutes seraient-ils donc devenus, sans qu'on y ait pris garde, de simples auxiliaires des institutions et du pouvoir ? Font-ils encore leur travail lorsqu'ils acceptent de traiter les symptômes de leurs patients sans se demander si les maux dont ils souffrent résultent d'un dérèglement du corps ou bien de situations inacceptables que la société, sans jamais le dire, leur impose ?

À ce titre, il est intéressant de souligner qu'en France, que l'on soit un homme ou une femme, nous vivons entre quinze et vingt ans en moyenne affligés d'une maladie inflammatoire nécessitant l'administration constante de certaines molécules, parfois pourtant très toxiques, faisant la fortune de l'industrie pharmaceutique. La médecine est lentement devenue un business dont la maladie est un élément clef. Malgré la découverte en 2010 du rôle prépondérant de l'alimentation sur la santé et du fabuleux pouvoir du microbiote, qui conditionne 70 % de notre immunité, ainsi que la prévalence d'innombrables maladies inflammatoires comme les cancers, l'obésité, le diabète, la sclérose en plaques, Parkinson, Alzheimer ou encore la plupart des maladies mentales, aucune politique volontariste de prévention n'a encore été mise en place. Nous sommes ce que nous mangeons. Et on peut se demander pourquoi aucun expert ne s'intéresse à la santé en dehors des symptômes isolés qu'il traite. La remarque que l'on peut se faire, sans tirer pour le moment de conclusions hâtives, c'est que, une fois malade, un homme rapporte de l'argent. Beaucoup d'argent. Pour des pathologies graves comme le cancer, le coût des traitements représente en 2017 3,2 milliards d'euros. N'oublions pas que l'industrie pharmaceutique est la troisième industrie au monde, loin devant celle du pétrole et celle du luxe, avec 1 300 milliards de dollars de chiffre d'affaires. C'est une manne absolue. Aujourd'hui, dès qu'on veut remettre en question la médecine ou interroger ses faillites, l'État ne répond qu'en élargissant encore l'appareil médical, ses compétences ou ses pouvoirs, sa capacité de contrôle social des individus, alors que peut-être, au contraire, y aurait-il une solution plus saine à tenter d'apporter : déprofessionnaliser la médecine, abolir le monopole des experts institutionnels sur une question aussi brûlante que celle de la santé. C'est ce que préconise Illich. Il ne le considère pas comme irréaliste, cela supposerait seulement des transformations politico-culturelles radicales. Encore une fois, il ne s'agit à aucun moment pour lui de disqualifier les médecins, mais de réduire le pouvoir absolu dont ils jouissent. Pour lui, la société qui procurera à ses membres le meilleur accès aux soins possible n'est pas celle qui les confiera à un gigantesque appareil de thérapeutes agréés, mais au contraire celle qui répartira « *sur la population entière les moyens et la responsabilité de protéger la santé et d'affronter la maladie* ». Autrement dit, notre souci politique devrait consister, essentiellement, à tenter d'assurer la reconquête, par les profanes, de leurs capacités autonomes à prendre soin d'eux-mêmes.

Il va de soi que le temps de la vie ne peut être indéfiniment prolongé, la guérison est rarement complète, la mort est toujours présente. Toutes les cultures antérieures à la nôtre, rappelle Illich, ont été imaginées pour apprendre à vivre sereinement avec la réalité de ces limites, inévitables, nécessaires (« *on veillait nos morts et on les accompagnait, on avait nos vieux avec nous* »). Les soins n'y étaient pas la spécialité exclusive de techniciens, au contraire, l'art de rester en bonne santé ne faisait qu'un avec l'art de vivre, avec les règles d'hygiène (au sens premier du terme) : les manières de dormir, de manger, d'aimer, de travailler, de jouer, de rêver et de souffrir rendaient les individus capables « *de supporter la douleur, de comprendre la maladie et de donner un sens au face-à-face constant avec la mort* ». Autrement dit, il faut, pense Illich, démédicaliser la santé tout comme il faut déscolariser l'accès au savoir – sans nier non plus les bienfaits de ces institutions, il s'agit simplement de les destituer de leur règne absolu – parce que la possibilité d'apprendre, d'enseigner, de créer ou de se soigner doit pouvoir se trouver partout, dans une société juste, et régler en permanence la vie individuelle et collective. Cela pourrait aussi être l'œuvre de femmes et d'hommes qui, dès à présent, dans les cadres institutionnels déjà en place, traduiraient en action leur aspiration à la souveraineté, à la liberté, à l'assainissement de leur milieu et de leur mode de vie, à la fraternité.

On est loin du compte.

Ce que nous avons tenté de montrer dans cette partie, c'est que les industries, main dans la main avec les institutions, ont orchestré dans l'intérêt d'une économie de marché, devant fonctionner toujours « sans entraves ni temps mort », la confusion, sur des questions cruciales de santé publique ou d'écologie.

Elles ont fait de nous, après guerre, des consommateurs de cigarettes, des consommateurs de ketchup, des consommateurs de bouffe saturée en sucres et en graisses, des consommateurs de médicaments. Et elles ont prospéré sur cet empoisonnement collectif et généralisé. Attention. Il ne s'agit pas ici seulement d'incriminer le capitalisme : on sait que le libre-échange et le génie marchand ont été aussi de profonds vecteurs d'émancipation. Mais ce qu'on a aujourd'hui tendance à oublier, c'est que le capitalisme n'a pu fonctionner, comme le rappelle Castoriadis, que parce qu'il a par ailleurs « *hérité d'une série de types anthropologiques qu'il n'aurait pu créer lui-même : des juges incorruptibles, des fonctionnaires intègres, des éducateurs qui se consacrent à leur vocation, des ouvriers à la grande conscience professionnelle* »... Si, d'un coup, ces fondements éthiques et anthropologiques se voient sapés par la puissance destructrice inouïe de ce courant économique et politique, s'il cesse d'être ce qu'il était encore au XIXe siècle, c'est-à-dire « *une ingénieuse utopie* », si de surcroît la mondialisation en marche finit de faire de cette « *guerre permanente* » qu'est le capitalisme un Léviathan aveugle, alors l'humanité devra se préparer à affronter « *une vie innommable* », nous dit Jean-Claude Michéa dans *L'Enseignement de l'ignorance.*

Et justement, poursuit-il, l'histoire des trente dernières années est précisément celle des efforts que déploie le XXIe siècle pour réaliser cette société impossible.

Personne ne veut le voir.

Maintenant que nous ne sommes plus pris dans un monde bipolaire, maintenant que ce vieux dispositif a fini de mourir avec le siècle neuf, maintenant que le monde est morcelé, éclaté en de multiples foyers de pouvoirs, que la finance comme la culture et les télécommunications se mondialisent, nos systèmes d'aliénation se verrouillent et sont de plus en plus complexes eux aussi à identifier. Ils ne relèvent plus à proprement parler d'un projet politique impérialiste de deux blocs qui s'opposent, comme au temps de la guerre froide, mais de « *process* autonomes » dans lesquels nous sommes tous pris sans en avoir conscience, et qui nous vendent souvent au contraire l'illusion de notre autonomie souveraine – dans l'entreprise comme sur les réseaux sociaux. Dans bien des cas, l'individu, quand il consomme, travaille ou communique, ne sait même plus qu'il obéit quand il obéit. Contrairement aux esclaves, il ne peut plus se rebeller, car il n'a même pas conscience de son aliénation, et qu'une part de lui, comme le dit Frédéric Gros ou à sa manière Houellebecq, trouve confortable de vivre dans l'ignorance de sa servilité. On l'a dit, le problème avec l'obéissance et la servitude, c'est qu'on y prend goût. Elle finit par devenir une seconde nature. Et on finit par perdre jusqu'au désir, jusqu'au goût, jusqu'au souvenir de la liberté.

Peut-être l'homme contemporain ne sait-il même plus qu'il souffre quand il souffre.

Le XXIe siècle est donc peut-être aussi en train de devenir celui de l'ignorance et de la servitude volontaire, celui de la perversion du langage, celui de la tyrannie cool, celui des alliances contre-nature et des psychoses collectives. Le déni et l'aveuglement poussés à un tel point d'incandescence sont sans doute une stratégie de survie comme une autre. Sans doute. Mais parfois, à trop vouloir se protéger du réel, on s'affaiblit. Cette stratégie de survie est en train d'accomplir sa vocation paradoxale : elle est en train d'avoir notre peau.

Croyances folles et psychose collective : bienvenue dans la matrice

La puissance du déni contemporain

Le cerveau humain n'est pas conçu pour appréhender la catastrophe ou l'effondrement. L'*Homo sapiens* a appris à fuir devant le danger et, bien sûr, à préférer la peur au danger. Le déni, comme l'expliquent certains psychiatres, devient alors une stratégie de survie comme une autre. Comme le dit Nathaniel Rich, journaliste du *New York Times* dans *Perdre la Terre*, nous sommes pour ainsi dire « *entraînés, mus par notre culture ou par l'évolution à penser au présent de manière obsessionnelle* ». Des neuroscientifiques ont même expliqué que cela venait du rôle fondamental joué par le striatum dans notre cerveau : il régit notre désir de plaisir et de sentiment de pouvoir et nous empêche de nous projeter à long terme. Le seul qui peut lui opposer une résistance salutaire est notre cortex, mais, dans la lutte qui les oppose, il faut regarder les choses en face : le striatum a pris le pouvoir aujourd'hui. Dans un monde régi par la satisfaction et la suralimentation, l'exigence plus constructive du cortex rend les armes : il se laisse dominer par le striatum. Et notre psychose court-termiste est en train de se fracasser contre la réalité physique des limites de la planète.

On pourrait même aller plus loin. Nous sommes entrés dans une ère postatomique. La série *Tchernobyl* le montre bien : la seconde partie du XXe a fait du XXIe l'ère du mensonge, l'ère du déni, l'ère des croyances folles et des fables, l'ère de la multiplication des récits alternatifs, l'ère des délires individuels et collectifs. On parle de monde postorwellien ? On a raison. Après la Seconde Guerre mondiale, plus que jamais, les populations comme les États ont menti et se sont menti à eux-mêmes. Ils ont nié les horreurs de la guerre, ils ont fait de la Shoah un tabou, ils se sont raconté qu'ils étaient des vainqueurs qu'ils n'étaient pas, ils se sont dotés de l'arme nucléaire au nom de la paix.

Alors combien nous coûtent ces mensonges aujourd'hui ?

À force d'entendre des récits falsifiés, nous ne sommes même plus en mesure de connaître la réalité. Mais que pouvons-nous faire ? Quel autre choix avons-nous que d'abandonner tout espoir de vérité et de nous contenter à la place de belles histoires, d'humanité triomphante, de science et de technologie toutes-puissantes et vectrices de progrès, de *happy ending* ? Quelle blague !

Ne voyez-vous pas que tout est fait, aujourd'hui, dans notre société, pour qu'on ne pense pas ? La fièvre consumériste, l'idéal bourgeois, les vertiges mathématiques ont fini de détruire la métaphysique, c'est-à-dire la possibilité de penser les grandes questions existentielles qui fondent notre condition humaine. Ne plus être capables d'entretenir, par la pensée, des rapports étroits avec la mort fait de nous des morts de notre vivant – autrement dit des zombies.

Ce n'est pas seulement, contrairement à ce que pense une partie de l'extrême gauche, que le citoyen serait devenu un *Homo economicus*. C'est plus compliqué. C'est plus profond que ça.

Avec la guerre froide, et après la chute du Mur, nous sommes entrés dans une ère postnucléaire. Trop rares sont ceux qui ont tenté de comprendre ce que cela impliquait : il a fallu, pour vivre en paix, accepter et anticiper, dans un monde longtemps bipolaire, la possibilité de la catastrophe atomique, et avec elle, la possibilité de la disparition pure et simple de toute forme de vie sur Terre. C'est une révolution mentale qui s'est opérée ici sans que personne en ait conscience. Nous ne voulons pas y penser, mais nous vivons, comme le dit l'essayiste Gunther Anders, dans un délai, dans un sursis : celui de ne pas encore avoir été anéanti. Nous nous inscrivons dans le même schéma avec la catastrophe climatique. Et dans cette révolution, il n'y pas de « retour à la normale » possible. La possibilité de l'extinction de notre espèce dessine une nouvelle géographie imaginaire, elle modifie profondément notre rapport au temps. Et que faire alors, sinon s'adapter, se résigner ou ignorer la réalité, lorsqu'on ne peut pas la fuir ? La possibilité de notre disparition devient une « donnée » comme une autre. Et c'est impensable. Envisager un événement d'une telle étrangeté nécessite de faire appel à des références symboliques, historiques, techniques, dont nous ne disposons pas. Ou alors il faudrait revenir à la Bible, penser

« la fin du monde ». Oui, mais ici, Dieu, c'est nous, Dieu, c'est l'atome. Et ça, nous n'avons pas les outils pour le penser.

Les sociétés industrielles craignent la panique, plus encore que le danger. Alors nous sommes entrés dans l'ère de l'équation, dans l'ère de l'algorithme, dans l'ère de la prédiction érigée en religion scientifique. C'est ça, le XXIe siècle : anticiper est devenu notre nouvelle raison d'être. Et nous devenons fous de vouloir toujours tout rationaliser. Toute la pensée militaire, par exemple, se voit soudain pénétrée de considérations mathématiques. Cela nous offre ainsi l'illusion de la maîtrise des choses. Alors, évidemment, dans un monde divisé en deux, c'était facile.

Les sociétés industrielles craignent la panique, plus encore que le danger.

On appelait ça l'équilibre de la terreur.

La menace trouvait son point d'équilibre fou dans le fait que le bloc soviétique comme le bloc occidental mettaient leurs populations en situation d'holocauste potentiel.

Ce face-à-face, ce « *Mexican standoff* », garantissait au fond une paix mondiale qui jusque-là n'avait jamais été maîtrisée.

Puis le Mur est tombé.

On doit alors faire face à un risque de prolifération nucléaire, de bombes sales et de menaces terroristes incontrôlées. Dès lors, les capacités d'anticipation de chaque pays, des réactions des autres, sont devenues centrales, et les sciences de la probabilité ont pris le pouvoir – sur tout.

Elles sont devenues la maîtresse tyrannique de la pensée politique. Progressivement, elles ont tout contaminé : elles ont contaminé les marchés, elles ont contaminé la Bourse, elles ont contaminé les finances, l'ensemble des sciences, le domaine de la santé. Par ailleurs, nous ne nous en rendons pas compte, mais une grande part de la révolution des télécommunications a vu le jour dans des centres de recherche militaire. À commencer par Internet – qui serait né dans les années 1950, quand des systèmes d'armes ont mis en réseau quarante ordinateurs avec autant de radars. Nous avons assisté en fait durant toute la deuxième moitié du XXe siècle et au XXIe à une progressive militarisation de la vie civile.

Voici venue l'ère messianique du renseignement, du *big data*. Tous nos mouvements sur la Toile sont susceptibles d'être suivis à la trace par les GAFA, c'est ce qui a permis à la société de conseil et stratégie Cambridge Analytica de profiler les électeurs américains pour la campagne de Trump en développant des approches individualisées. C'est ce qui nous guette en France en 2022, en particulier depuis le mouvement des Gilets jaunes, qui s'est structuré sur le Web et a permis à Facebook de collecter des millions d'informations susceptibles d'être revendues au plus offrant. C'est aussi ce qui permet la création de faux profils, d'avatars infiltrés – ceux qu'on appelle les « trolls » – de la part de services étrangers, notamment russes.

Ce monde, paradoxalement confortable, ne laisse plus de place au hasard. Il ne laisse plus de place à l'intuition non plus.

Et ce contexte historique a fini par impacter et façonner notre architecture mentale. Tout, jusqu'à nos propres désirs, est maintenant anticipable, et le plus triste, c'est qu'une part de nous l'accepte. Même les rencontres que nous faisons reposent sur des mises en algorithmes, via les réseaux sociaux, et la codification de nos tendances. Suis-je le seul à trouver cela profondément effrayant ?

Quel espace reste-t-il pour se faire simplement surprendre par la vie et sa joyeuse irrationalité ? Qui au XXIe siècle pour oser déjouer les statistiques, les équations, la prévisibilité grossière induite des interactions pulsionnelles auxquelles nous cédons sur les réseaux avec nos *likes* qui ne disent rien de ce qui nous anime en profondeur ?

On pouvait croire au début du XXIe siècle que la fin de la guerre froide, que la troisième révolution industrielle – celle des télécommunications –, que l'avènement d'Internet, que la libéralisation de l'information engendreraient une société plus juste.

Jeremy Rifkin, économiste et sociologue, le pensait et l'avait formulé avec un mélange de brio et d'optimisme presque candide dans *La Société du coût marginal zéro*.

Oui, c'est vrai, nous avons créé une société potentiellement plus égalitaire, plus informée, plus facilement instruite, plus horizontale, plus fraternelle, plus démocrate.

Comme on peut de surcroît échanger avec des gens, le plus simplement du monde, d'un bout à l'autre de la planète, on a pu penser que nos sociétés allaient devenir plus spontanément cosmopolites, plus émancipées. C'est hélas l'inverse qui s'est produit.

L'exercice du pouvoir quant à lui ne semblait plus uniquement vertical, on envisageait qu'il puisse ne plus dépendre exclusivement des institutions ; les citoyens pouvaient se parler, s'organiser entre eux. Ils auraient accès par la Toile à des milliers de documents. Le savoir ne serait plus seulement une affaire d'élite, il se donnerait à tous et circulerait chez chacun, au même titre que l'eau courante ou l'électricité.

Ce n'est pas faux. Internet est un outil et une source prodigieux – mi-manne, mi-jungle –, il faut apprendre à y évoluer, l'apprivoiser, apprendre à pratiquer cet espace comme on avance sur un territoire inconnu. Car à quoi sommes-nous aussi arrivés avec les nouvelles filières d'information et les réseaux sociaux ?

Réseaux d'information

Nous avions l'habitude d'être au contact d'informations traitées par la presse professionnelle : elles étaient vérifiées, commentées, analysées. La presse institutionnelle obéissait à une méthodologie rigoureuse. Aujourd'hui, les foyers susceptibles de nous renseigner sont multiples et beaucoup plus sauvages. Nous croulons sous l'information. Et celle qui est le plus facilement disponible, ou vers qui la majorité de la population s'oriente, n'est bien sûr pas forcément la meilleure. Je parle de ce flux continu dont nous nous nourrissons H24, en intraveineuse, via les chaînes d'info, diffusées partout, tout le temps, avec son lot d'experts approximatifs, parfois embarrassants, et qui livrent leur parole morte, faite d'opinions remâchées et creuses, puisqu'il faut bien commenter les *breaking news*. Il y a aussi nos fils d'actualité, bien sûr, que nous consultons compulsivement sur nos smartphones – devenus des prothèses permanentes nous prolongeant aussi naturellement que pourrait le faire un membre ou un organe biologique –, nous consommons de l'info comme on consomme du sucre.

Et, en fait, on observe et explore aujourd'hui de l'intérieur le paradoxe suivant : plus la masse d'informations augmente, plus l'incertitude augmente avec elle. Ce phénomène a en fait commencé au début des années 1990 avec la multiplication des supports audiovisuels, la multiplication des chaînes et la nouvelle répartition d'audience qu'elle induisait.

Réseaux sociaux

Ne m'avez-vous pas vu venir quand j'évoquais « la tyrannie cool » ?

Il suffit de surfer cinq minutes sur certains réseaux sociaux pour mesurer, souvent, à la fois la pauvreté du niveau de réflexion et le degré d'infantilisme auxquels le support même nous invite. Cela dit, qu'y a-t-il de plus gentiment mièvre, vulgaire et friendly qu'une page Insta et ses photos filtrées, son lot de citations mortes et ses petits dessins régressifs ? Il n'y a pas plus « sympa », la plupart du temps, qu'un compte Facebook ou une page Instagram, et on peut se laisser fasciner des heures par ce misérable petit théâtre et son lot de commentaires ineptes.

Sympa ?

Rien n'est moins sûr.

Que nous dit le cofondateur de Napster et actionnaire de Facebook, Sean Parker ? Il nous révèle d'abord ce qu'était le défi initial de Facebook : « *Comment pouvons-nous consommer un maximum de votre temps et de votre attention ?* »

Ça donne le *la*, je crois, n'est-ce pas ?

Il ne s'agit pas seulement – ce serait trop beau – de construire un monde plus ouvert et plus connecté.

Encore faut-il, naturellement, que ça rapporte.

Tim Cook, le patron d'Apple, l'a vite compris : « *Si c'est gratuit, c'est que c'est* VOUS *le produit.* » Il explique ensuite comment les créateurs de Facebook ont imaginé un système fondé sur une « *boucle de rétroaction de validation sociale* » qui carbure aux shots de dopamines envoyés au cerveau.

Les *likes* sont notre nouveau sucre. C'est ça qui vous pousse ensuite à publier encore, et constamment.

Parce que vous voulez plus de *likes*, plus de « cœurs », plus de « trop canon ma chérie ». Et sur ces réseaux, les gens se créent un « hypervisage », par le biais de cette sociabilité de façade. Ils se créent une cyberidentité pleine d'assurance qui leur procure du plaisir et les rassure. Tellement qu'ils ne peuvent plus s'en passer. Et vont la « vérifier » tout le temps.

James William, l'un des anciens pontes de Google, l'a dit très clairement : « *Nous en sommes arrivés à une industrie de la persuasion à grande échelle qui définit le comportement de milliards de gens chaque jour et seulement quelques personnes ont leurs mains sur les leviers.* » Petite précision, toutes les huiles de la Silicon Valley interdisent l'usage de smartphones et d'applications à leurs propres enfants et leur font fréquenter des écoles d'où les écrans sont bannis et dont la devise est « le retour au concret et au développement personnel de l'individu » pour en faire des libres penseurs et non pas des chevilles ouvrières du système industriel.

Nous évoluons donc au quotidien dans une réalité maillée, saisis dans les filets de nos vies sociales ou dans ceux de nos réseaux numériques, occupés à commander nos plats Deliveroo, comme nos Uber, à paramétrer nos profils, à élire sur photos filtrées les mecs ou les meufs que nous déciderons alors de rencontrer *in real life* pour nous aliéner encore, à travers ces rencontres qui bien souvent n'en sont pas, à la piètre idée que nous nous faisons alors de nous-mêmes. Ce que nous avons exfiltré de nos vies ? La possibilité de penser le tragique. Alors, quand il survient, ce drame, quand la perspective de la catastrophe s'esquisse, d'un coup, quand le réel, toujours tranchant, nous percute, nous oscillons entre la sidération et le déni. Pourquoi ? Parce que, dans la sidération comme dans le déni, nous retrouvons une forme de tranquillité que nous chérissons en esclaves. La léthargie est confortable, alors une part de nous aime se laisser anesthésier. Tout a été pensé pour que nous vivions en autohypnose. Alors qui pour prendre la mesure de l'apocalypse en cours ?

Nous l'avons dit : notre alimentation industrielle comme l'air que nous respirons ont été, durant le XXe siècle, intoxiqués comme jamais.

Mais le véritable poison, celui qui s'est lentement infiltré en nous, jusqu'à gangrener notre capacité à agir, c'est celui qui a permis progressivement la tétanie de notre pensée, de notre capacité même à penser. Et à rester singulier.

Nous avons désappris à réfléchir, nous avons désappris à aimer, nous avons désappris à éprouver les choses dans leur simplicité concrète, parce qu'éprouver, penser et aimer, c'est inconfortable.

Or durant le XXe siècle, ou en tout cas après guerre, la recherche du confort nous a tenu lieu d'objectif.

C'est ainsi que le simple fait de tenter de se soustraire à cette torpeur, le simple fait de faire un pas de côté, de nous extraire de la course – et la vie dans sa brutalité narquoise nous y oblige parfois –, le simple fait d'avoir à nous décentrer, nous plonge dans la panique.

Celui qui décide de sortir de sa condition de hamster dans sa roue découvre le vide de l'existence qu'il mène.

Et cette confrontation-là, ce moment où nous nous extirpons de la matrice, de notre quotidien, des calendriers sociaux, des réunions d'entreprise, de nos supports numériques, pour nous confronter à la réalité de notre monde ou de notre vie, conduit souvent à ce qu'on appelle aujourd'hui le « *burn out* », la dépression.

Ce qu'on appelait le « spleen » n'est plus le moteur de rien. On ne veut plus voir les bienfaits paradoxaux de sa négativité.

On veut être positif, à tout prix, et on en crève.

Parce que tout ce qui est vivant et créatif se nourrit de ce qui le menace, tout ce qui est vivant se nourrit de ce qui pourrait le détruire. Je ne dis pas qu'il faut nous libérer de la peur. C'est impossible. Elle aussi fait partie de la vie. Mais, en revanche, il faut nous libérer, impérativement, de la peur de la peur, et avec elle de la tétanie.

Perversion du langage et surobéissance

Les mots construisent le monde. C'est un principe fondamental qu'il serait dangereux d'oublier. Au commencement était le Verbe – tout est là. Ce sont les mots qui définissent notre architecture mentale et nous permettent de penser notre vie en nous offrant aussi les moyens de l'imaginer, de la réinventer, de la questionner ou de prendre la décision de la bouleverser.

Et justement, le propre du XXIe siècle aura sans doute été de pervertir le langage comme jamais : désormais des phénomènes violents sont présentés sous un jour cool et sympa, nous faisons de la « positivité » un impératif, une vertu cardinale.

Nous nous anesthésions et devenons niais.

Nous nous amoindrissons sans le savoir.

Nous devenons ivres de cette positivité morbide. Elle nous plonge dans un optimisme létal. Alors qu'au contraire notre optimisme devrait être le moteur d'un combat et un principe actif.

Nous avons tellement peur de la peur, nous avons tellement peur de la nécessité du combat, nous avons tellement peur de la quête de sens, de la possibilité même de l'héroïsme, que nous avons éliminé jusque dans la langue toute trace de négativité. Pour Franck Lepage, une grande part du problème se trouve là. Et c'est tellement flagrant que nous ne le voyons plus. Mais, en fait, c'est simple : qui prend le pouvoir sur le langage prend le pouvoir sur le monde. Comment combattre un plan de licenciement quand il devient « un plan de sauvegarde de l'emploi » ?

Comment dénoncer le productivisme d'une entreprise quand elle s'échine à mettre en œuvre « une démarche qualité ». En fait, dès que cette pensée positive contamine le langage, on n'est plus en démocratie. La positivité est un fascisme qui s'ignore : elle est le langage de ceux qui veulent prendre le pouvoir tout en se racontant qu'ils sont cool. Retrouver un langage affranchi de cette positivité perverse, c'est reconquérir une part de notre liberté. Le problème, c'est que nous ne savons même plus à quel point nous y sommes soumis.

Prenons l'exemple d'Apple : cette marque incarne une forme de rêve américain qui règne sur le monde, et tout, dans son histoire, semble relever du *fairy tale* : une petite maison naissant dans un garage avec un logo friendly et ludique, des ordinateurs aux formes et aux couleurs pimpantes, loin du gris des PC, un homme seul face aux grands pontes de l'industrie, qui mène son rêve d'homme d'affaires, tout en étant fort d'un mantra a priori noble : vouloir que tout le monde – des traders de Wall Street aux *white trash* du Minnesota – ait son PC. Apple est devenu grâce à son fondateur Steve Jobs l'incarnation du cool et du *must have*. Cet empire qui a littéralement colonisé nos vies met sur le marché des produits qui semblent devenus universellement désirables. Alors, au final, quoi ? Apple est aujourd'hui la firme la plus profitable au monde avec plus de 48 milliards de dollars de bénéfice en 2016, et elle est aussi l'entreprise qui a la plus grosse capitalisation boursière avec 851 milliards au 31 mars 2018. Mais, surtout, ses produits sont frappés d'obsolescence programmée systématique, indécente, tant leur prix paraît inaccessible. Pourtant, la planète entière va jusqu'à se priver dans son quotidien pour posséder l'iPhone dernier cri. Et d'après plusieurs médias et organisations humanitaires, dans certaines de ses usines, comme celles de Foxconn, cette entreprise si cool fait travailler des étudiants de façon illégale jusqu'à onze heures par jour. Des filets auraient été dressés tout autour des bâtiments pour empêcher les suicides. Des clauses sont également prévues, dans les contrats de travail qu'ils signent, pour prévenir ce type d'égarements. « *Think different* », c'est ça.

La surobéissance. Voyez-vous seulement de quoi je parle ? Elle est partout, dans tous les milieux de pouvoir ou d'argent. Tout le monde veut sa part du gâteau, grimper dans la hiérarchie sociale, augmenter son pouvoir d'achat, conquérir un confort maximal par tous les moyens. Puis, une fois qu'on y est, tout le monde veut « rester dans le *game* ».

Or, pour tenir sa place, il faut se soumettre aux règles. Je vais parler de mon expérience dans le show-business parce que, ce milieu, comme celui du sport, est un laboratoire : ce qui s'y passe est souvent symptomatique de ce qui va se généraliser.

J'ai souvent été frappé dans le monde de l'audiovisuel par l'extraordinaire surobéissance et par l'autocensure des producteurs, que ce soit dans la musique, lorsque j'étais chanteur, ou dans les boîtes de production qui concevaient des émissions de télé.

La règle d'or pour accéder aux radios (qui à l'époque garantissaient le succès commercial d'un disque) ou aux chaînes de télé était de plaire aux dirigeants des antennes. J'entends encore Max Guazzini, le tout-puissant patron de NRJ. Il était mon producteur au début des années 2000 et je garde pour lui une indéfectible tendresse malgré ce qu'il m'a fait vivre – sans le savoir. Guazzini régnait à l'époque en seigneur et maître sur la musique française et me répétait inlassablement : « *Mon bébé, c'est le public qui décide* », et moi de lui rétorquer invariablement : « *Non, Max, c'est toi qui décides ou pas de diffuser sur ton antenne des morceaux que la France entendra dix fois par jour, jusqu'à l'écœurement, et finira par acheter.* » Les mélodies à l'antenne étaient insipides, on avait la plupart du temps l'impression d'entendre toujours les mêmes chansons, sans contenu ni substance. Un pur et simple endoctrinement de masse – NRJ était à l'époque 1re radio de France. « *C'est toi qui sais ce que tu veux imposer ! C'est toi, du haut de ta tour d'ivoire, qui fais ou défais des carrières en fonction de ton ressenti, pour finalement décider de la vie ou de la mort d'un artiste. Pourquoi verser dans la facilité ? Pourquoi ne rien faire de ce pouvoir ? Avec cette logique,* Bohemian Raphsody *n'aurait jamais vu le jour, tu t'en rends compte ?* »

J'ai vu les patrons de label faire la danse du ventre devant Max pour ne surtout pas lui déplaire, ne pas le contrarier, et, ô miracle, peut-être aiguiser sa curiosité, le voir enfin lever un sourcil ? Si, au bout de trente secondes, il se mettait à consulter ses mails, chacun savait que c'était foutu, que le titre ne passerait jamais sur les ondes. Tout le monde tremblait à l'idée de le voir se tourner vers son écran d'ordi. Il en jouait, il en jouissait, je crois. Tout le monde allait dans le sens de Guazzini, anticipait son désir, et à travers lui celui du marché, pour aller dans le sens de la facilité et du *easy listening*. C'est ça aussi, la surobéissance. C'est comme ça qu'on est passé d'une culture populaire à une industrie de masse. Quelques vrais producteurs d'artistes, au début des années 2000, ont alors choisi d'abandonner l'idée de passer sur NRJ pour développer des artistes authentiques, avec un propos, un talent disruptif, dérangeant – toujours singulier… Je pense à Patrick Zelnik et à Naïve Records par exemple. J'ai ensuite vécu la même chose en télé, où des conseillers qui n'avaient jamais conçu ni produit la moindre émission et n'avaient jamais œuvré à la conception d'un format se permettaient d'en modifier le contenu d'une semaine sur l'autre. Ils se prévalaient des chiffres d'audience, qu'ils agitaient comme des chiffons rouges devant nos yeux. Des sondages gouvernaient désormais ce qui passait en TV.

Leur mantra ? Ne surtout pas être anxiogène, ne pas surprendre – c'est-à-dire prendre le risque de décevoir – la ménagère de 50 ans. Il fallait la rassurer, la garder collée devant l'écran, ne surtout pas la contrarier ou – pire – égratigner les annonceurs qui finançaient un service public dont la vocation était pourtant d'abord d'informer et d'éduquer. C'est partout pareil. Il ne faut surtout pas indisposer les géants avec qui on pourrait faire du fric, ne pas agiter de trop grands principes éthiques qui pourraient les dissuader de contribuer à la croissance de votre business. Et là, c'est aussi un patron qui vous parle : je sais ce que je dis. Si vous êtes trop éthique, vous devenez dangereux. Si vous dites ce que vous pensez, vous devenez dangereux. Et tout cela participe évidemment aussi de l'aveuglement volontaire.

Transhumanisme

Postulons que l'un des paradoxes du XXIe siècle soit le suivant : plus j'ai peur, plus je m'installe dans le déni, plus j'apprivoise l'idée de ma propre perte par sa négation et son refoulement, plus, en réaction, je développe des délires de toute-puissance. Par quoi se traduisent-ils ? Par le désir d'immortalité par exemple. Ce qui est fou, aujourd'hui, c'est que, alors que nous sommes au bord du collapse, et possiblement de l'apocalypse, nous développons dans le même temps des fantasmes d'invincibilité. N'est-ce pas le comble de l'ironie ? Dans un monde en proie à sa propre extinction, nous voulons croire en la vie éternelle.

Ray Kurzweil, pape de l'intelligence artificielle et du transhumanisme, responsable de la très discrète division X de Google, c'est-à-dire de son laboratoire de recherches scientifiques, en est le chantre le plus emblématique. Il est même convaincu qu'il n'aura pas besoin d'épitaphe.

Pour lui, l'homme, grâce aux progrès exponentiels de la technologie, va devenir immortel dans une poignée de décennies. L'humanité va pouvoir être augmentée au point de devenir toute-puissante et éternelle, il en veut pour preuve qu'« *une jeune femme en Afrique peut avoir accès à davantage d'informations sur son smartphone que le président des États-Unis n'en avait il y a vingt ans* ». Et il va plus loin, bien sûr : il imagine carrément une humanité nouvelle, débarrassée des maladies, de la vieillesse et de la mort, disposant de pouvoirs sensoriels agrandis et de capacités cognitives décuplées. Rien que ça. Ce sont bien là, schématiquement, les propos du transhumanisme, en tout cas ceux de Ray Kurzweil, ou de Patri Friedman – petit-fils de Milton Friedman, libéral libertaire qui s'est aussi spécialisé dans l'étude de la consommation. Ils militent tous deux avec conviction pour une transformation totale de l'espèce. Or Ray Kurzweil fait aussi figure de devin des temps modernes : dans ses prédictions concernant les années 1990, il a notamment anticipé la chute de l'Union soviétique ou l'essor d'Internet une dizaine d'années avant que cela ne se produise. Ces milliardaires, grands pontes de la Silicon Valley ou créateurs d'entreprise, voient encore plus loin : ils sont parfaitement informés sur le réchauffement climatique et conscient des risques induits par les problématiques environnementales. Ils savent que nous courons à la catastrophe. Ils imaginent même créer des « pays » à eux, notamment au large de San Francisco, des communautés *off-shore*, où la technologie régnerait en maître. Leur projet fétiche ? Une myriade de cités marines, ne dépendant d'aucun gouvernement. Dans ces villes flottantes, on ne paierait pas d'impôts, on réglerait ses factures en bitcoins, on ne consommerait que de l'énergie verte et on serait livré par drone. Un autre exemple ? Comme plusieurs journaux s'en sont fait l'écho, toute une clique de milliardaires comme Peter Thiel (lui aussi transhumaniste convaincu), Reid Hoffman – l'un des fondateur de Linkedln –, James Cameron ou encore Daniel Zhang, le célèbre fondateur du géant chinois Alibaba, font depuis quelques années l'acquisition de milliers d'hectares en Nouvelle-Zélande, parce qu'ils pensent pouvoir échapper à l'apocalypse à venir dans cette île du Pacifique, loin des points chauds des problèmes du monde. Ils y construisent des propriétés sécurisées, des pistes d'atterrissage, et y accumulent de l'énergie fossile pour survivre en autonomie complète en cas de chaos. Ils ne croient pas aux États et vivent de rêves sécessionnistes.

Ce n'est évidemment pas ce à quoi je songe quand je parle de désobéissance.

À écouter ces titans de l'économie mondialisée, seul le système politique sclérosé et ses vieilles lois terrestres nous empêchent de résoudre les grands problèmes de notre civilisation. Ils sont par ailleurs convaincus qu'une guerre sans merci s'est engagée entre la technologie et le politique. Ils ne croient pas en l'humanité, ils ne croient pas en la finitude, ils ne considèrent pas la fragilité. Ils ne se fient qu'aux statistiques et à l'intelligence artificielle. Ils sont morts à la politique. Or c'est précisément cet effacement progressif du politique qui nous effraie. Et c'est au nom du politique que nous voulons désobéir. Nous voulons croire en l'humanité, en sa singularité absolue, et penser le monde à partir d'elle. C'est pour cela que nous ne devons pas nous laisser réduire à des réactions neuronales ou chimiques, à des équations algorithmiques. Si nous redevenons singuliers, nous deviendrons autrement combatifs, autrement dangereux. Nous ne serons plus prévisibles.

III-DÉSOBÉIR

« Le cœur est humain dans la mesure
où il se révolte. »

Georges Bataille

Aujourd'hui, « désobéir » est devenu un mot-valise. Tout le monde veut être « insoumis », tout le monde veut endosser le costume du révolté. Tout le monde se rêve en insurgé – des ronds-points périphériques aux salons des appartements parisiens –, tout le monde rêve de grand soir. Tout le monde, confusément, désire le bordel.

Ne vous en faites pas. Le chaos, dans ce qu'il a d'inhumain, est à venir. Il est déjà à votre porte.

En Europe, la catastrophe qui nous guette n'est ni un tsunami, ni un cyclone, ni un séisme. Elle n'en aura jamais la soudaineté. Elle évolue sourdement, sans que nous puissions encore l'éprouver, ou si peu – « *Il fait chaud, oui, mais on va pas se plaindre, hein, c'est l'été, pas de quoi paniquer.* » Ben voyons, vraiment pas. Le cataclysme arrive, mais il nous apprivoise, sournoisement, on ne le voit pas venir.

Résumons. Je l'ai dit : en un siècle et demi, les émissions liées à l'activité humaine ont fait grimper le niveau de CO_2 de plus de 40 % et, entre le moment où on produit les gaz à effet de (GES) et le moment où ils réchauffent la planète, il se passe quarante ans. Or nous n'avons jamais produit autant de GES qu'en 2017, 2018 et 2019.

Et maintenant, soyons concrets : nous avons cinq ans pour changer les choses en espérant que la science, d'ici là, prenne le relais et trouve des solutions. Et je crois l'homme et la technique capables, lorsqu'ils sont dos au mur, de produire des miracles. Mais, à l'heure où j'écris ces lignes, aucune technologie, aucune intervention divine n'est encore en mesure de nous mettre à l'abri. C'est simple : si nous n'avons pas divisé par dix, sous cinq ans, notre empreinte carbone individuelle, l'effet domino qu'entraîneront ces gaz anthropiques rendra la catastrophe inévitable. Et quand je parle de catastrophe, je parle de la fin de la vie sur Terre avant 2100.

Alors, arrêtons de tergiverser.

Sans nous, rien n'est possible

Vous ne le savez pas, mais vous êtes des héros

Tout conspire à vous faire croire que vous êtes inutiles, tout conspire à vous faire croire que vous êtes invisibles. Anesthésiés par le quotidien, son lot d'obligations, ce qui vous en divertit, vous ne savez même plus qui vous êtes. Pourtant, vous ne le savez pas, mais vous êtes des héros. Car il en faut du courage – ou en tout cas de l'énergie et de la constance –, et donc d'une certaine manière de l'héroïsme, pour, tous les jours, prendre le RER. Tous les jours, vous rendre à un boulot que vous n'aimez pas forcément. Il en faut du courage pour affronter son N+1, pour demander une augmentation, pour élever ses enfants. Je sais les épreuves qui sont les vôtres.

> **Tout conspire à vous faire croire que vous êtes inutiles.**

J'ai connu la défaite, la faillite, la peur. Je sais.

C'est difficile, la frustration, l'impuissance : être constamment sollicité par des affiches publicitaires, des influenceurs parfois obscènes, des spots en tout genre, des flots numériques de suggestions d'achats calibrées, quand vous êtes raides comme la justice et galérez comme un damné.

Cela, alors même que vous travaillez souvent dur et beaucoup. Trop, la plupart du temps.

J'ai traversé ces passages à vide. Avec mon ex-femme, lorsque nous habitions notre petit deux-pièces à Clichy, nous nous sentions riches, simplement parce que nous avions fait un plein de courses à l'hypermarché du coin. Nous procurer toutes ces merdes industrielles – les sodas, les barres chocolatées – nous apportait une joie immense.

Il m'en a fallu du temps, des accidents et des victoires inattendues, pour faire ce pas de côté et développer une conscience politique.

Il faut réapprendre à nous singulariser. Il faut réapprendre à croire en notre pouvoir de subversion intime. Le XXe siècle n'aura pas seulement été celui de la consommation de masse : il aura été aussi celui de l'obéissance de masse, avec le fascisme et la collaboration, celui des meurtres de masse avec la Shoah et Hiroshima, celui des industries de masse, celui du tourisme de masse, celui de la culture de masse. Nous sommes tous désormais mondialement conditionnés : on bouffe les mêmes produits toxiques, on porte les mêmes fringues, on va en vacances aux mêmes endroits, on communique sur les mêmes smartphones. Avec ce siècle, nous aurons perdu le sens de l'humain, de sa capacité, voire de sa vocation, à devenir héroïque. Et nous avons perdu de vue aussi que ce ne sont pas les masses mais les minorités qui font l'histoire.

Imaginer un genre de soviétisation des politiques économico-écologiques me déprime. Revenir à un régime autoritaire ? Imaginer comme en Chine que l'État nous oblige ? Je rêve du contraire. Nous avons tous oublié de quoi nous étions capables. Il faut en revenir aux individus et croire en leur créativité, en leur soif profonde de justice, en leur puissance.

Désobéir ? C'est renouer avec notre humanité.

Nous singulariser, c'est reprendre le pouvoir.

Désobéir ? C'est devenu essentiel aujourd'hui.

Désobéir ? C'est renouer avec notre humanité.

Nous aurions tort de toute façon de tout attendre du gouvernement et de nos institutions, lesquelles sont devenues structurellement invalides. Toutes les décisions que l'État devrait prendre sont injouables.

Prenons un exemple : remplacer le pétrole par l'hydroélectrique ? Rendez-vous compte : il faudrait pour ce faire installer l'équivalent de quatre barrages tous les ans pendant un demi-siècle. Ou alors par le solaire ? Cette fois, il faudrait recouvrir près de 100 millions de toits de panneaux photovoltaïques tous les ans pendant un siècle.

En fait, et on peut le comprendre, les États continuent tout simplement de soutenir la filière qui assure leur intégrité, leur fonctionnement. Soyons clairs : nous ne pouvons attendre d'aucun gouvernement un quelconque désinvestissement de l'énergie pétrolière.

En tout état de cause, depuis la déclaration de Stockholm en 1972, les conférences internationales censées s'occuper des problèmes environnementaux n'ont plus la possibilité légale d'entraver le développement économique. Ça a le mérite d'être clair : en ce qui concerne le désastre écologique en cours, nous ne devons rien attendre des appareils. Mais pourquoi d'ailleurs vouloir faire de l'État le pourvoyeur de solutions à tous nos maux ?

Regardez-les sur le CETA (Comprehensive Economic and Trade Agrement). On le sait tous, il est vital aujourd'hui, pour limiter les risques environnementaux, de réhabiliter les productions locales, d'arrêter d'importer ce que nous mangeons de pays trop lointains. On sait en outre que la viande américaine, élevée aux hormones de croissance, aux OGM, aux pesticides et aux antibiotiques, est 40 % moins chère que la viande française. On peut donc s'attendre à ce qu'elle inonde les assiettes de nos restaurants et de nos cantines, toujours soucieux d'augmenter leurs marges et de réduire leurs coûts structurels. Le CETA est donc aussi un drame sanitaire. En dépit de cela, Macron a accéléré la mise en place de ce traité. C'est écologiquement désastreux. Il a même appelé à la ratification la plus rapide possible de ces accords de libre-échange entre le Canada et l'Union européenne. Pour éviter tout débat parlementaire ? Lors de son audition par la commission des Affaires étrangères, le 17 janvier 2018, le commissaire européen Pierre Moscovici a pourtant déclaré que, en cas de rejet du CETA par les parlementaires, l'accord continuerait à s'appliquer « *provisoirement* »... Trois ans plus tôt, le 29 janvier 2015, Jean-Claude Junker, alors président de la Commission européenne, le disait déjà : « *Il ne peut y avoir de choix démocratique contre les traités européens.* » Cela relève du pur déni de démocratie. Dans ce contexte, comment espérer encore quoi que ce soit de nos institutions ?

Regardez-les sur le Mercosur (Mercado común del Sur), ils ont fini par reculer. Mais qu'a-t-il fallu pour ça ? Que l'Amazonie brûle. On s'est alors rendu compte que l'importation massive de viande en provenance du Brésil avait pour conséquence directe le développement des incendies prétendument contrôlés permettant de créer des pâturages pour le bétail. En d'autres termes : plus de viande exportée par le Brésil signifie plus d'élevage, donc plus de pâturage, donc plus d'incendies pour créer de nouvelles terres agricoles à la place de l'Amazonie.

Mais quel sens a ce recul français sur le Mercosur, alors même que le CETA, qui repose sur les mêmes bases, est maintenu ?

Nicolas Hulot l'a dit, Macron n'a « *aucune approche systémique globale de la lutte climatique* ». L'État mène sur ce plan une politique suicidaire et fait des accords de Paris – qui auraient dû pourtant faire l'histoire – un petit fétiche rassurant et creux, permettant de faire croire à une politique écologique en vérité inexistante.

C'est de la communication, de la manipulation symbolique, sans aucune action concrète ni effet sur le réel.

Emmanuel Macron s'est encore donné le beau rôle lors du G7 à Biarritz cette année. Comme il l'avait fait face à Trump, il a endossé le costume du sauveur, portant haut les couleurs du combat écologique et démocratique contre les despotes d'extrême droite.

Qui pense-t-il duper à part lui-même ? Rappelons ce qu'il fit en Guyane, en mai 2018. Revenons un instant sur l'histoire du projet d'exploitation minière dit « la Montagne d'or », catastrophique pour l'écosystème amazonien, pourtant entériné dès octobre 2017 par Emmanuel Macron. Un positionnement à rebours des ambitions françaises en matière de protection des forêts mondiales et de lutte contre le changement climatique. Ce projet aurait entraîné une déforestation massive, un empoisonnement des cours d'eau à l'échelle industrielle, la création de boues toxiques et de déchets dangereux. Seule la mobilisation des ONG écologiques locales, relayées par Nicolas Hulot, a permis de freiner ce projet écocidaire.

Où était alors la détermination de celui qui prétend voler aujourd'hui au secours de la forêt d'Amazonie ? Où est sa cohérence, où est sa volonté politique ?

De même n'y a-t-il aucune cohérence à se désengager du Mercosur sans remettre en cause le CETA : ces deux protocoles d'accord reposent exactement sur les mêmes bases. Entre autres choses, ils dispensent les pays exportateurs des efforts que l'on demande à nos propres agriculteurs.

« *Notre diplomatie*, dit encore Hulot, *devrait être d'abord écologique et humaniste et servir, accessoirement, l'économie.* » Dans les faits, nos politiques n'arrivent pas à choisir. Ils sont prisonniers d'un dilemme intérieur insoluble. En eux, dit Hulot, « *deux sincérités s'affrontent* ».

Certains économistes ont parlé de cette incapacité structurelle qu'ont aujourd'hui les États à combiner le court terme et le long terme : ils ont appelé ça « la tragédie des horizons ».

Il n'y a plus à débattre du fait qu'un certain type de « libre échange » est à l'origine de tous les problèmes écologiques. Or, « *on continue à s'affronter comme si on avait l'éternité devant nous* », nous dit encore Hulot.

L'État est dans une psychose court-termiste qui devient menaçante pour nous tous ? Très bien. Trahissons-le.

« On continue à s'affronter comme si on avait l'éternité devant nous. »

Nicolas Hulot

Nous ne sommes pas ses enfants. Il n'est pas notre père. Ou alors trahissons-le comme on doit toujours finir par tuer et trahir son père.

À plusieurs reprises, dans ce livre, je me suis appuyé sur des auteurs dont vous n'avez peut-être jamais entendu parler. Ce n'est pas pour vous épater. Je veux simplement que vous le sachiez : certains livres ont bouleversé la perception que j'avais du monde. Ils m'ont questionné, ils m'ont désaxé. Et m'ont offert la possibilité de me révéler : j'ai découvert, à travers eux, ce que je pensais. Ils ont fait effraction dans ma vie. Parfois, en les parcourant, il a pu m'arriver d'avoir l'impression d'entendre un morceau de rock – saturé de riffs. Thoreau, par exemple, nous rappelle dans *La Désobéissance civile* une chose simple : le gouvernement n'est en fait que « *la modalité selon laquelle le peuple a choisi d'exécuter sa volonté* ». Il est donc lui aussi sujet à l'erreur, à la perversion. Écoutez bien : pour lui, le gouvernement a moins de force et de vitalité que n'en possédera jamais un seul individu. L'État est une chose merveilleuse, nous dit-il, mais il nous rappelle en même temps qu'aucun gouvernement n'a jamais de lui-même fait avancer aucun combat.

« *Ce n'est pas lui qui assure la liberté du pays.* »

Alors nous ne devons pas, ne fût-ce qu'un instant, abandonner notre conscience au législateur.

Il est temps par ailleurs d'en finir avec le ressentiment militant, le romantisme révolutionnaire, les chapelles et les dogmatismes. Les enjeux sont trop cruciaux pour qu'on ne rassemble pas nos forces.

On peut toujours chercher des coupables, les coupables, on les connaît : ce sont les Occidentaux. Et les Occidentaux, c'est nous. Nous sommes les plus gros pollueurs du monde. C'est nous qui avons intoxiqué l'air des pays pauvres, nous qui avons fait augmenter l'empreinte carbone de la Chine en y délocalisant nos usines, nous qui sommes à l'origine des migrations massives puisque notre hyperconsommation a rendu la température des pays du Sud invivable.

La vocation historique de l'Occident est de conquérir. Et conquérir, c'est aussi détruire.

Mais, dans le même temps qu'il domine et asservit, il veut penser le droit en termes universels, il abolit l'esclavage, il libère les femmes, il croit en l'utopie.

On ne pourra pas réconcilier les mémoires. Comment ne pas culpabiliser de notre histoire ? Elle est sanglante, elle est injuste. Vouloir l'effacer nous condamne à la névrose. Mais peut-être pourrions-nous malgré tout en finir avec la haine de soi ? Je n'ai pas honte d'être un Occidental. La tragédie en cours nous offre la merveilleuse opportunité de tenter quelque chose, et beaucoup en ont déjà pris conscience : « Extinction Rébellion » est un mouvement dynamique, mais il veut agir sur l'exécutif et, comme vous l'aurez compris, je n'y crois pas. Les manifestations sur la voie publique sont comme on le sait soumises depuis 1935 à l'obligation d'une déclaration préalable en préfecture. Elles sont dès lors devenues, petit à petit, les formes contrôlées et parfois mièvres des soulèvements qui ont pourtant marqué notre histoire. C'est ce qu'ont compris les Gilets Jaunes, et en cela leur mouvement est enthousiasmant et légitime. Ne manifestons-nous pas toujours avec la volonté d'agir, de peser sur le réel, de changer les choses ? Telle que la loi le prévoit, la manifestation est aujourd'hui un temps où l'on se retrouve autour d'une cause en chantant et en scandant des slogans – c'est tout. Ce n'est même plus un lieu où on délibère. Alors qui peut croire, dans ce contexte, que l'espace public redeviendra un lieu transgressif ? L'État s'est organisé et musclé : il ne veut plus avoir peur alors il a domestiqué la possibilité même de la révolte. Sa fonction structurelle est de rassurer les marchés, il a donc fait de l'insurrection légale un temps où l'on ne peut presque plus faire de politique. Entendons-nous : je ne prône pas un retour aux luttes armées, mais en ce qui concerne le climat, je suis persuadé que ce n'est pas en occupant les ponts que l'on fera bouger les choses. Cessez de manifester. Agissez.

Je ne prônerai pas non plus un « retour à la terre » ou à la « sobriété heureuse », comme le préconise Pierre Rabhi, le moine ardéchois devenu star et qui s'affiche volontiers aux côtés de Marion Cotillard et de Mélanie Laurent, de Paris à Saint-Tropez. Dès le départ, le ton à la fois prophétique et moralisateur de cet homme m'a mis mal à l'aise. Plus tard, une enquête de Jean-Baptiste

Malet parue dans *Le Monde diplomatique* a conforté mon sentiment et lui a offert des contours plus nets, plus concrets, il a éclairé l'arrière-monde et le paysage mental de cet homme moins simple qu'il n'y paraît de prime abord : il dressait en effet la généalogie de sa pensée, qui remonterait à l'idéologie ruraliste de Vichy. J'ai compris à ce moment-là que nous partagions le même combat, mais que nous ne partagions pas les mêmes valeurs.

Pour autant, la médiatisation dont bénéficie Pierre Rabhi et ses « colibris » a au moins le mérite de rendre la question écologique centrale et désirable. Et je sais que parmi ceux qui se sont inspirés de lui, ignorant certainement ses travers, certains accomplissent de grandes choses. Je songe entre autres à Maxime de Rostolan qui, avec son projet « Fermes d'avenir », a tenté de réhabiliter la pratique de la permaculture. Ceci posé, qui peut croire que nous allons tous redevenir paysans ? Et, au-delà de ça, l'idée que « chacun fasse sa part » constitue certainement un excellent point de départ, mais, comme l'a dit Nicolas Hulot à propos de la « politique des petits pas », ce ne sera pas suffisant. Alors, entre tout attendre du pouvoir politique et n'agir qu'à sa petite échelle individuelle, c'est une troisième voie que je voudrais favoriser.

Et pour tout dire, je me sens plus proche d'un Matthew B. Crawford, de son *Éloge du carburateur*, de sa fibre anarchisante posthippie : il prône, lui, un retour non pas au XIXe siècle, mais au goût de la vie concrète, de la terre, mais aussi de la lecture, du surf, du large et du *wild*, des routes et des horizons qui s'ouvrent à perte de vue, des bains de mer. Soyons comme lui, redevenons élémentaires.

Tout nous invite toujours à l'abstraction, à la dématérialisation ?

Tout nous invite à oublier que nous sommes avant tout des corps physiques saisis dans des réalités physiques ?

Ou alors, tout veut toujours nous réduire à nos pulsions dans ce qu'elles ont d'avide, de dégradant ?

Ne cédons pas à cette torpeur. Ne cédons pas à l'amnésie générale.

Je suis moi-même tout le temps en lutte contre moi-même et contre ce que j'ai de plus sombre, de plus faible en moi.

Moi aussi, je veux redevenir concret, je veux redevenir exigeant, je veux redevenir mordant.

D.H. Lawrence le disait déjà dans les années 1930 (prenant la mesure des conséquences des révolutions industrielles) : il voyait la « *noire erreur* » qu'il y aurait à nous laisser happer par une ère et un monde de plus en plus technologisés, de plus en plus abstraits. Il comprenait déjà à l'époque que nous étions en passe de perdre de vue le réel, le sens tragique des choses, la vie elle-même. Il se demande d'ailleurs, dans certains de ses livres, ce qu'il pourrait bien advenir d'un peuple qui aurait perdu toute faculté d'intuition. Il affirmait déjà ne pas croire à cette séquence postindustrielle, ni

> « Si l'humanité doit avoir un avenir quelconque, il devra se produire un changement radical. »
>
> D.H. Lawrence

à l'argent, ni à l'avancement, ni à l'avenir de notre civilisation. « *Si l'humanité doit avoir un avenir quelconque, il devra se produire un changement radical.* » Et il nous invitait à chercher la vie là où on pouvait la trouver. Ça me parle beaucoup. Je me souviens, enfant, d'avoir passé des heures à contempler des fourmis et à comprendre, par elles, la sophistication du vivant. Sa magie. D.H. Lawrence nous recommandait de lutter, toujours, pour « *le fragile épanouissement de la vie* ». Et dans cette lutte, répétait-il, « *ne cédez jamais* ».

Je veux parler d'actions concrètes, je veux parler d'actions à la fois coûteuses et humbles. Ce que j'aimerais que tout le monde comprenne, c'est qu'être un héros ne passe pas nécessairement par de grandes actions d'éclat. Ça peut passer par des choses beaucoup plus modestes, d'abord presque invisibles. On peut appliquer ce que j'appelle la « méthode Bartleby », la méthode du « *I would prefer not to* ». C'est-à-dire travailler à rendre l'exécution des diktats de nos sociétés consuméristes la moins complète, la plus défectueuse possible, en portant sa réalisation « à la limite du sabotage ».

Le personnage de Bartleby a inspiré de nombreux penseurs de « l'antipouvoir ». Sa fameuse phrase : « *Je préférerais ne pas* » – qui conduit son employeur à ne plus rien lui demander – a fini par illustrer la stratégie de fuite, qui, selon Toni Negri, par exemple, doit remplacer la lutte directe. La fuite n'est plus une simple défection, c'est une nouvelle stratégie de combat.

Dites-le-vous chaque jour : je ne suis pas obligé de me plier à toutes les injonctions, mais je ne suis pas, non plus, obligé de désobéir activement. Je peux, tout simplement, obéir le plus mal possible. Jacques Sémelin parle de révolte « *pacifique* ». Ce sont des modes de résistance inventifs, qui n'emploient pas la force, mais constituent des « *stratégies de non-coopération* ». Ils offrent aux populations civiles des possibilités d'action, sans pour autant les faire basculer dans la rébellion ouverte : boycott, renoncement, négligences calculées. Entre la collaboration franche et la résistance armée, nous explique Frédéric Gros, une troisième voie existe. Il faut apprendre à jouir du renoncement. Et imaginer des actes rétifs, désengagés. Entendez-le, renoncer nous amplifie. Ça peut s'appliquer à mille choses, je vous laisse y réfléchir. Mais, en tant que consommateurs, nous avons tous pour ça dans notre poche un pouvoir que nous sous-estimons, une arme de construction massive : notre carte de crédit. Sommes-nous incapables de questionner notre propre pouvoir ? Allons-nous vraiment nous limiter encore longtemps au tri méthodique des déchets et au fait de privilégier les douches aux bains ? Le XXe siècle a voulu faire de nous des consommateurs abrutis et dociles ? Devenons subversifs précisément *parce que* nous consommons. Coluche disait : « *Quand on pense qu'il suffirait qu'on arrête de l'acheter pour ne plus que ça se vende.* » Nous avons du pouvoir. Et c'est

Il faut apprendre à jouir du renoncement.

jouissif, d'avoir du pouvoir, quand on sait comment lui donner du sens.

Alors, que faire ?

Bien sûr, me direz-vous, on ne peut pas penser à notre empreinte carbone en permanence. On n'a pas que ça à faire : on a nos problèmes, nos angoisses de fin de mois, nos angoisses tout court. On s'enferme dans nos ruminations névrotiques. Certes. Mais, si on veut inverser la tendance, il va pourtant falloir que l'urgence climatique devienne une obsession collective – pendant cinq ans. Il va falloir ne penser qu'à ça. Comment vous dire ? Être amoureux nous mobilise entièrement, n'est-ce pas ? Notre amour devient bien une préoccupation totale, une priorité de chaque instant. Eh bien, il va falloir, au nom de notre amour de la vie, nous rassembler en nous-mêmes et désobéir ensemble. Autrement, on ne s'en sortira pas. La nature, quand elle est sauvage, révèle une force, une beauté inégalable. Elle nous renvoie à ce qu'on a de plus intact en nous. Alors, oui, la cause environnementale doit devenir notre souci quotidien, au même titre que la santé de nos enfants, ou notre hygiène. Plus prosaïquement, on doit prendre certaines habitudes, comme on a appris à ne plus fumer dans les lieux publics, à nous laver les dents, à mettre notre ceinture de sécurité. Nous devons penser à la planète

« Quand on pense qu'il suffirait qu'on arrête de l'acheter pour ne plus que ça se vende. »

Coluche

comme nous respirons. L'écoresponsabilité doit devenir pour nous aussi naturelle que le désir de vivre.

Je ne vais pas vous faire l'inventaire exhaustif de ce qu'il faudrait faire ou ne pas faire. Ça a déjà été fait mille fois. Et on se sent toujours un peu minable de recommander une nième fois de trier les déchets, de ne pas oublier d'utiliser la poubelle jaune, ou de prendre des douches plutôt que des bains. C'est faible.

Ce que je peux faire en revanche, c'est mettre au jour ce que sont, à mon sens, les quatre nerfs de la guerre. Agir sur eux est à la portée de tous.

La première chose à faire est d'arrêter radicalement de manger du bœuf et du porc

Rendez-vous compte : les Français dévorent aujourd'hui 89 kg de viande par an. C'est 2 fois plus que leurs grands-parents et 3 fois plus que leurs arrière-grands-parents. Or, pour produire 1 kg de bœuf, il faut 15 500 litres d'eau, histoire d'irriguer les céréales et le fourrage. Il en faut 4 900 pour 1 kg de porc. Selon l'ONU, l'élevage industriel est responsable de 15 % des gaz à effet de serre mondiaux, dont 9,7 pour les seuls bovins. C'est plus que le secteur des transports ! Et il est de surcroît responsable de 50 % des émissions de méthane et de protoxyde d'azote, dont le potentiel de réchauffement est respectivement 25 fois et 300 fois supérieur à celui du CO_2. En cause, l'usage d'engrais pour les cultures et l'alimentation des ruminants. Dans le monde, plus de 70 % des terres agricoles sont destinés à nourrir les animaux. Car le bétail n'est plus nourri avec de l'herbe, mais avec du maïs, du blé et du soja transgénique. Or, pour produire 1 kg de viande, il faut entre 7 et 12 kg de céréales. Chaque année, ce sont plusieurs millions d'hectares qui sont déboisés dans le monde pour laisser place au pâturage. On estime que l'agriculture est responsable de 70 % de la déforestation. Le système agricole extensif et mondialisé est à l'origine de la disparition de la diversité. Elle s'est faite en quarante ans.

Ce n'est pas tout : les élevages industriels sont aujourd'hui aussi à l'origine de la pollution de l'eau en raison du nitrate et du phosphore provenant des épandages de fumier et de lisier. La viande, c'est le nerf de la guerre. Il est aussi bon de rappeler que, depuis 2015, la viande est classée par l'OMS comme cancérigène, au même titre que l'amiante. J'ai arrêté la viande il y a quatre ans, malgré la passion que j'avais pour elle, à l'époque.

Restreindre son usage d'Internet et ses achats de nouvelles technologies

Internet, ordinateurs, téléphonie mobile et autres produits high-tech représentent le troisième poste d'émission de CO_2 d'un Français. Et l'achat de nouvelles technologies progresse chaque année. Alors, arrêtons de nous acheter un smartphone tous les deux ans ! Et obligeons-nous à ne passer que deux heures par jour sur Internet. Utilisons ce prodigieux outil essentiellement pour le travail, ou pour avoir accès à des archives, ou pour nous mobiliser comme l'ont fait les premiers insurgés du Printemps arabe, mais arrêtons, par pitié, de surfer sur des sites people ou d'aller visionner des « reportages » sur les derniers déboires de Meghan Markle ou des vidéos de chats et de chiens. Gardons à l'esprit que, en termes de dépense énergétique, la moindre vidéo en streaming correspond à un frigo allumé pendant un an.

Boycottons les i-Phone, qui ont fait de l'obsolescence programmée une des composantes essentielles de leur modèle économique. Ajoutez à ça leurs incessants changements de connectiques, et le fait qu'ils esclavagisent leurs employés dans les tristement célèbres usines de Foxconn, et vous verrez qu'Apple est tout sauf cool.

Arrêter de prendre l'avion ou diminuer drastiquement

L'avion est aujourd'hui le moyen de transport le plus polluant, bien plus que les voitures ou le train. Pour calculer son impact climatique, les chercheurs utilisent comme ordre de grandeur les émissions de CO_2 par voyageur au kilomètre. Un kilomètre en avion est 45 fois plus polluant qu'en train à grande vitesse. Son empreinte carbone est calamiteuse. Les Suédois ont même aujourd'hui honte de prendre l'avion. Et aucune solution technologique n'existe pour l'instant pour limiter sa pollution.

Savoir à qui confier son argent

L'ONG Oxfam a évalué les politiques énergétiques de quelques banques françaises : BNP Paribas, Crédit agricole, Société générale, BPCE-Natixis, La Banque postale, Crédit mutuel CIC, le Crédit coopératif. Le verdict est sans appel : contrairement à leurs engagements pris pour respecter l'accord de Paris, ces établissements continuent de financer largement les énergies fossiles.

Selon l'étude de Fair Finance France, seule la banque coopérative NEF fait figure d'excellente élève. À noter aussi que la BNP Paribas a aussi résolument déplacé le centre de gravité de ses financements de manière à devenir un accélérateur de la transition énergétique.

Désobéir, c'est aussi déconstruire les idées reçues

Croire au nucléaire

Il me paraît intéressant d'analyser la perception de l'énergie nucléaire par la population française. Je ne vous affirme pas ici que l'énergie nucléaire ne présente aucun danger ni que ses déchets radioactifs sont bons pour l'environnement. Sachez cependant qu'un Prix Nobel de physique français, Gérard Mourou, vient d'inventer un laser qui pourrait rendre inoffensifs ces rebuts toxiques en quelques minutes. Cette découverte, si elle se voit mise en pratique, sera une extraordinaire révolution. L'énergie nucléaire présente, en tout état de cause, d'indéniables avantages. Une enquête sociologique réalisée par Ipsos pour EDF révèle pourtant que 80 % des sondés attribuent aux centrales nucléaires une responsabilité dans l'élévation de la teneur de l'atmosphère en GES, et donc dans le changement climatique. Autrement dit, la virulence dogmatique des formations écolos françaises, profondément antinucléaires, a réussi à influencer l'inconscient politique français jusqu'à imposer le récit selon lequel le nucléaire serait responsable du réchauffement et de la situation dans laquelle nous sommes. La réalité est beaucoup plus contrastée. Bien sûr qu'il faut maîtriser l'éventuelle perte de contrôle des réacteurs, ainsi que les déchets radioactifs. Mais il est un aspect positif de l'impact de l'énergie nucléaire, et celui-là, contrairement à ce que prétend la doxa, n'est pas contestable : il permet l'accès à une électricité à très faible impact sur le climat – comparable, voire meilleur au MWh produit, à l'éolien, au solaire ou à l'hydraulique. Le système français à ce titre est un exemple : avec son mix formé surtout de nucléaire, d'hydraulique, auquel s'ajoute un peu d'éolien et de solaire, il est décarboné à 93 % et n'émet que 60 g de CO_2 par KWh. Donc en fait, dans les scénarios énergétiques, ceux examinés par le GIEC ou d'autres experts, le nucléaire fait partie de ce qui est envisagé pour atténuer la menace climatique. Là-dessus, il semblerait que nos concitoyens soient victimes d'une grande tromperie qui pèse sur leur réflexion.

Sortir de certaines logiques

« Pourquoi est-ce que je devrais faire des efforts, empêcher ma fille de voyager, me priver d'une entrecôte, alors que l'Amérique et la Chine polluent comme des tarées ? »

Il est indispensable de comparer les émissions de CO_2 de différents pays du globe en les rapportant à l'empreinte individuelle de chaque habitant.

Si l'on regarde la répartition des émissions mondiales de CO_2, la Chine émet 30 %, l'Europe et la Russie environ 10 %, les États-Unis 15 %, le Moyen-Orient 7 % et l'Afrique moins de 3 %. Mais, pour mieux comprendre la responsabilité qui est la nôtre, il est intéressant de prendre en considération qu'un Chinois produit 30 % de moins de GES que n'importe quel ressortissant de l'Union européenne ou de la Russie.

En fait, si les habitants de l'Inde ou de la Chine consommaient comme les Européens, ce ne serait pas en 2100 qu'on redouterait de voir arriver la fin de la vie sur Terre, mais en 2050.

Pire que ça, avec nos délocalisations, nous polluons de plus en plus intensément les pays du Sud, qui deviennent invivables. Certains chercheurs comme François Gemenne, spécialiste des migrations liées au changement climatique, vont jusqu'à dire que, « *chaque fois que nous émettons des gaz à effet de serre, nous créons une persécution politique à l'encontre des plus vulnérables. Et parce que nous savons pertinemment les effets que cela provoque, nous nous rendons coupables de persécution* ».

Dans le même ordre d'idées, nous avons en quelque sorte « délocalisé », ou du moins délégué, le soin de conserver à la planète la possibilité de respirer. Les incendies en Amazonie nous épouvantent et nous laissent totalement démunis puisque cette forêt, considérée comme « le poumon de la terre », est loin et ne nous appartient pas. Mais pourquoi ne pas lancer nous-mêmes une vaste campagne de reforestation ? L'exemple pourrait nous venir de l'Éthiopie, qui revendique la plantation de plus de 350 millions d'arbres en une seule journée, un record historique, et vise les 4 milliards ! Les arbres, en effet, absorbent le CO_2, limitant ainsi la pollution atmosphérique et le réchauffement climatique. Un arbre est toujours une promesse.

« Nous dire de consommer moins en faisant tout pour favoriser un système qui n'a d'autre optique que de nous faire consommer, c'est dingue d'hypocrisie. »

Ou encore : « Demander aux classes moyennes de faire des efforts pendant que les multinationales passent la planète au lance-flammes, c'est une insulte aux personnes les plus modestes. »

Ou enfin : « On te demande de changer tes habitudes alimentaires, mais on arrose de subventions les élevages industriels pour faire plaisir à la Fédération nationale des syndicats d'exploitants agricoles (FNSEA) et à tous les monstres de l'agro-industrie. Alors on te propose un steak bien transgénique à bas prix et on te dit de ne pas le manger ! Ce serait de la schizophrénie, si ce n'était pas de l'escroquerie en bande organisée. »

D'accord. Alors quoi ? On ne fait rien ? On attend une révolution, un grand soir qui ne viendra jamais ?

Bien sûr que le monde dans lequel nous vivons est injuste. Bien sûr qu'il est révoltant que huit personnes détiennent plus de richesses que près de 4 milliards.

Mais peut-on s'arrêter, une seconde, pour comprendre que le cœur battant du capitalisme dépend de notre consommation ?

Ce qui fonde ce système, c'est la loi de l'offre et de la demande. Alors, avant de le renverser pour imposer un monde plus juste, pourquoi ne pas intérioriser ses principes, les infiltrer, pour mieux en devenir le virus, le faire pourrir de l'intérieur ?

Si, en 1980, je vous avais recommandé de consommer du bio, vous m'auriez pris pour un soixante-huitard attardé. Un altermondialiste de base. Et pourtant, le bio est désormais partout.

Ne vous y trompez pas, ce sont les consommateurs qui font la loi. Personne d'autre. En quarante ans, malgré la désinformation continue des grands groupes industriels – lesquels nous ont bien expliqué par exemple que le glyphosate et autres pesticides étaient inoffensifs –, le peuple, c'est-à-dire vous et moi, a pris conscience de la nécessité de changer ses habitudes et de réduire son exposition aux intrants chimiques.

Autre exemple : à quoi sont confrontés les acteurs de la grande distribution depuis quelques années ? À la désaffection des grands centres commerciaux. Ils agonisent tandis que les petits commerces de proximité fleurissent à Paris, comme dans les villes de province. Qui aurait pu prédire un tel renversement dans les années 1980 ? On pensait que la logique libérale, alors triomphante, et la foi forcenée dans les technologies écraseraient le savoir-faire des artisans locaux. Il n'en a rien été. C'est même le contraire qui s'est produit.

Alors, là aussi, de quoi est-ce le symptôme ?

Du pouvoir des individus : ce sont eux qui ont inversé la tendance. Ils ont permis aux nouveaux acteurs de l'agroécologie de bien gagner leur vie dans un système qui a malheureusement fait du paysan un collabo – ou plutôt l'otage consentant d'un système perverti par une logique de plus en plus productiviste – et un esclave.

C'est là aussi le signe de l'émergence d'une génération responsable. Les consommateurs du XXIe siècle sont en train de développer une nouvelle conscience collective. Ils ont soif de vérité, de choses concrètes, de vie saine, d'équité, de rapports fiables. Ils tendent à remettre en question la structure même de notre société et ses institutions.

Demandez au P-DG des centres Leclerc, à Alexandre Bompard chez Carrefour ou à Naouri chez Casino. Ils sentent bien que quelque chose bouge et qu'ils vont bientôt être contraints de se transformer, de muter.

On ne peut pas assurer de transition climatique sérieuse sans la participation active des industriels.

On ne peut pas assurer de transition climatique sérieuse sans la participation active des industriels. Sans eux, le combat climatique est perdu d'avance. Vous trouvez ça illusoire, naïf ? C'est le contraire. Ce qui serait illusoire, c'est de penser que nous seuls pouvons tout renverser. Tout partira de nous, mais il faut peser sur ceux qui font la politique : les grands acteurs économiques.

Impossible, répondrez-vous. Ce sont de grands cyniques.

Vous avez tort. L'histoire a démontré qu'ils y avaient déjà été disposés dans les années 1970.

Le *New York Times Magazine* a réalisé une enquête avec le soutien de la Fondation Pulitzer pour retracer comment la planète avait raté son rendez-vous avec le climat ; comment, malgré l'effort de plusieurs lanceurs d'alerte, et pas mal de bonne volonté – y compris celle des industries pétrolières et des républicains à une époque –, et malgré l'influence de Jimmy Carter, alors président, rien n'a été fait aux États-Unis pour enrayer le changement climatique, alors qu'il était encore temps.

Cela paraît ahurissant aujourd'hui, mais, entre 1979 et 1989, nous avons bien failli résoudre le problème climatique. En fait, dès 1979, nous savions presque tout du réchauffement et de la crise à venir et, déjà, à l'époque, lors de la première conférence mondiale sur le climat, les scientifiques de 50 pays se rejoignaient dans l'idée qu'il était « urgent d'agir ». Peut-on seulement le concevoir à présent ? Nous avons, un jour, été à deux doigts de rompre le pacte suicidaire qui nous lie au pétrole.

Ce mérite revient à une poignée d'hommes et de femmes : des chercheurs, des responsables politiques, des membres du Congrès des États-Unis, des économistes, des philosophes, des bureaucrates anonymes. Quand je vous dis que ce sont les minorités qui font l'histoire ! Leur combat était « *habile et passionné* », nous dit Nathaniel Rich, auteur de ce papier d'investigation dont il a fait un livre : *Perdre la Terre*.

L'histoire de leur échec est aussi la nôtre.

Dès le début apparaît la difficulté de mobiliser autour d'un phénomène qui ne pourra être ressenti que lorsqu'il sera trop tard.

Et pourtant… un des mérites de cette longue enquête est justement de mettre en évidence que les industries pétrolières elles-mêmes, Exxon en tête, étaient ouvertes aux questions du climat et leur consacraient des dizaines de millions de dollars dans des programmes de recherche. Cela peut sembler inconcevable, mais Exxon prônait un retrait ordonné des énergies fossiles vers le renouvelable.

Reagan a sonné le glas de ce moment historique : alors que le Conseil pour l'environnement, une institution gouvernementale, lui transmet un rapport avertissant que « *les énergies fossiles pouvaient altérer de façon permanente et désastreuse l'atmosphère de la Terre* », le président envisage de supprimer le Conseil. Rafe Pomerance, premier grand lanceur d'alerte ayant joué un rôle décisif et ayant sensibilisé l'opinion sur la question du climat, comprend qu'il faut un événement fort pour frapper les consciences. Il contacte alors un sénateur, jeune ambitieux, passionné d'écologie lui aussi, un démocrate dont on entendra reparler, alors âgé de 33 ans : Al Gore. Lui sent que ces problématiques sont en passe de devenir très populaires. Il organise plusieurs auditions. Et des perspectives semblent s'ouvrir avec Exxon, qui affirme par le biais d'un de ses directeurs de département de recherche que « *le capitalisme est moins que satisfaisant pour régler l'effet de serre* ». Exxon, oui, vous avez bien lu, Exxon, se propose d'« *inventer un nouvel avenir d'énergies renouvelables* ».

Ils imaginent que Reagan n'osera jamais les contredire, s'élever contre eux. Ce combat devient politique.

Hélas, tout se fige à l'automne 1983. L'Académie nationale des sciences s'était vue chargée par Jimmy Carter – démocrate ayant permis au gouvernement de renforcer la législation sur la question environnementale – de proposer des solutions.

Reagan s'en sert, mais pour temporiser la question et gagner du temps : il faut attendre la réponse des savants, dit-il. Et malgré les conclusions du rapport confirmant la nécessité d'agir immédiatement, le porte-parole de la Maison-Blanche défendra la position inverse dans les médias : il n'y a pas de besoin urgent d'agir, « *il ne faut pas entretenir de spéculations négatives dans la population. De la prudence, mais pas de panique* ». Les dégâts sont immenses : au lendemain de cette rencontre au sommet, le *Wall Street Journal* titre : « *Le message d'un panel de superscientifiques s'adressant au peuple inquiet du célèbre réchauffement climatique : vous pouvez faire avec. Seule action recommandée : continuer la recherche.* » Le conseiller scientifique de Reagan va même jusqu'à critiquer « *l'alarmisme non indispensable* » de l'Agence pour la protection de l'environnement. Après ça, Exxon revoit sa position et annonce : « *la société a suffisamment de temps pour trouver une solution technologique adaptée à l'effet de serre* ».

C'est écœurant et fou de prendre la mesure du fait que, pendant les années 1970, nous avons, grâce aux industriels, frôlé la mise en branle du monde quant à la question du climat. Le *New York Times* dans son enquête disait : « *Même si, dans les années 1970-1980, les industriels n'étaient pas de bons samaritains, ils ne lançaient pas des campagnes de plusieurs millions pour faire de la désinformation, corrompre les scientifiques et laver le cerveau des écoliers comme leurs successeurs allaient le faire.* »

Cela fera dire à Greenpeace des années plus tard que le gouvernement américain nous aura menés au « *désastre* ». « *Washington n'est pas un partenaire, mais un voyou.* »

Les industriels peuvent devenir nos alliés

Nous avons une fausse image des industriels. Nous ne nous rendons pas compte, surtout, qu'ils peuvent assez vite découvrir l'intérêt économique majeur qu'ils auraient, dans le contexte actuel, à opter pour un *business model* écoresponsable et durable. J'irai encore plus loin. Il suffit de visionner l'intervention d'Emmanuel Faber, directeur général de Danone, à HEC pour mesurer une chose : le fait que nous avons de plus en plus conscience que les temps dans lesquels nous entrons sont graves et historiques nous change. La perspective des drames modifie les hommes. J'en suis convaincu. Et peut-être cette perspective les change-t-elle encore plus singulièrement quand ils ont du pouvoir. Elle les révèle. Qui pour songer il y a dix ans qu'un patron comme celui du groupe Danone prononcerait un jour cette phrase : « *Sans justice sociale, il n'y aura plus d'économie* », ou pour l'imaginer, devant les jeunes loups des écoles de commerce, demander quel sens on peut donner au pouvoir qu'on a ? Les temps changent : ils redeviennent tragiques. Certains hommes vont avoir envie d'y faire face. C'est déjà perceptible.

Nous sommes, chez Fitnext, en passe de contracter un accord avec des industriels de la grande distribution. Avec la multiplication des scandales sanitaires, les œufs, le lait contaminé, la viande de cheval mêlée à celle du bœuf, le niveau de défiance de la population vis-à-vis de ces entreprises est devenu particulièrement élevé. Ces industriels le savent. Or, vous l'avez maintenant compris, les questions de santé alimentaire et les questions écologiques sont intimement liées. Et tout le monde en prend conscience petit à petit. Ce n'est plus le souci d'une poignée de bobos d'Oberkampf. Les gens qui désertent les grandes surfaces font partie des classes moyennes. Dès lors, le discours que je tiens à ces industriels est simple : « *On parle de la survie de l'humanité, mais on parle aussi de la survie de votre business.* » Ce qu'il faut, je crois, leur faire valoir – j'ai presque honte de l'écrire –, c'est que les premiers à assurer la transition industrielle écologique sont ceux qui gagneront le plus après.

« On parle de la survie de l'humanité, mais on parle aussi de la survie de votre business. »

En fait, à bien y regarder, le réchauffement climatique est cher, très cher. Plus de 200 des plus grandes entreprises cotées du monde prévoient que le changement climatique pourrait leur coûter près de 1 000 milliards de dollars. Dès 2006, un rapport jette un pavé dans la mare : il évalue le coût de l'inaction entre 5 % et 20 % du PIB mondial, contre 1 % si l'on agit. C'est Nicholas Stern, ministre du Budget du Royaume-Uni en 2006, qui a porté et popularisé cette idée. C'est à l'époque révolutionnaire, car la question écologique sort soudain du domaine purement scientifique où elle était jusqu'alors confinée. À partir de ce moment, les dirigeants – politiques, économiques, financiers – ne peuvent plus se détourner du problème et considérer que le changement climatique n'a aucun impact sur leurs décisions et stratégies. Il reste cependant très difficile d'estimer les coûts économiques des effets du réchauffement : augmentation de la fréquence des événements météorologiques extrêmes – comme les inondations et les sécheresses –, empoisonnement de nos réserves d'eau, réduction des rendements agricoles, pertes d'écosystèmes et d'espèces. La transition écologique devient une nécessité vitale pour notre économie aussi.

Plus de 200 experts ont participé à la rédaction de ce rapport. Leurs conclusions sont claires : le changement de modèle est source d'opportunités. Une action ambitieuse en faveur du climat pourrait générer 26 milliards de dollars de gains économiques cumulés. En outre, 65 millards d'emplois pourraient être créés. « *Nous sommes à un moment unique où nous pouvons soit tout perdre, soit tout gagner* », assure Ngonzi Okonjo Iewala, ancien ministre des Finances du Nigeria. Mais « *tout gagner* » demande un changement de cap immédiat : « *Les décideurs politiques doivent retirer le pied du frein et envoyer un signal clair en faveur de ce nouveau modèle de développement qui se traduit par des opportunités économiques et des marchés intéressants.* » C'est une ligne dans laquelle je crois, dans laquelle peuvent se retrouver beaucoup d'acteurs majeurs du monde économique, et je trouve incompréhensible que nos dirigeants n'en fassent pas un enjeu politique majeur et prioritaire.

« Nous sommes à un moment unique où nous pouvons soit tout perdre, soit tout gagner. »

Ngonzi Okonjo Iewala

d'après les sauts [illegible] vers [illegible]
tant [illegible]
[illegible]

[illegible]

[illegible]

À Emmanuel Macron

Cher Emmanuel Macron,

Qui suis-je, tout d'abord, pour m'adresser à vous ? Comme vous le savez, une grande partie de la population française rêve de référendum, de démocratie directe. Je dirai donc que je suis juste un citoyen parmi les autres. Un citoyen qui a voté pour vous, de surcroît.

Le 2 juin 2017, suite au retrait de Trump des accords de la COP 21, vous avez pris la parole avec éloquence : « *Je souhaite vous assurer de la détermination de la France, qui n'abandonnera pas le combat. Je vous invite à rester confiants. Nous allons réussir. Nous allons réussir grâce à notre détermination sans faille. Où que nous vivions, où que nous soyons, nous avons tous la même responsabilité :* make our planet great again. »

Quand je vous ai entendu ce soir-là, j'avoue avoir été bêtement fier d'être français. J'ai cru entrevoir la possibilité d'une issue, d'un tournant historique. J'ai cru en votre sincérité, j'ai cru en votre courage, en votre génie du risque. J'ai cru en votre envergure, en votre capacité à prendre sur cette question un leadership mondial. Bref, j'ai cru en votre « disruptivité » – c'est bien comme ça que vous dites ? Je me suis dit que Nicolas Hulot avait eu raison de s'engager à vos côtés.

Que s'est-il passé depuis cette déclaration ?

Rien. Ou plutôt si : j'ai vu mon président reculer et faiblir semaine après semaine devant des problèmes en apparence insolubles.

Il me semble que le propre d'un homme d'État est de se voir régulièrement confronté à des questions plus grandes que lui. Il doit alors rester serein jusque dans la possibilité de l'erreur, du choix qui le mettra en difficulté, en péril.

En l'occurrence, ici, il s'agit ni plus ni moins de la survie de notre espèce. N'est-ce pas un enjeu suffisant ? Vous qui avez si brillamment théorisé le double temps de la politique, le temps court, celui des médias, et le temps long qu'il s'agit de retrouver : n'est-ce pas un enjeu à votre mesure ? N'avez-vous pas, là, rendez-vous avec vous-même ? Pourquoi avoir été chercher un homme de l'envergure de Nicolas Hulot pour lui mener cet enfer ? Il vous avait rejoint avec fougue et foi, lui qui avait jusque-là toujours fui ce type de responsabilité.

Quand j'ai regardé les images de ce grand ministre de l'Écologie, le 28 août 2018, annonçant sa démission sur France Inter, comme beaucoup, j'ai été bouleversé. Je prenais la mesure de son courage, de son renoncement, de son déchirement. Face à la tragédie en cours, il ne comprenait pas l'indifférence du gouvernement. Ses paroles résonnent encore à mes oreilles : « *La planète est en train de devenir une étuve. Nos ressources naturelles s'épuisent. La biodiversité fond comme la neige au soleil. Et ce n'est toujours pas appréhendé comme un enjeu prioritaire. Je ne comprends pas comment, après la conférence de Paris, après un diagnostic imparable qui ne cesse de se préciser et de s'aggraver de jour en jour, ce sujet est toujours relégué dans les dernières priorités [...]. La France en fait plus que beaucoup de pays* [sur l'écologie], *mais ne me faites pas dire qu'elle en fait assez. Elle n'en fait pas assez. L'Europe n'en fait pas assez. Le monde n'en fait pas assez [...]. La pression du court terme sur les dirigeants, sur le Premier ministre, est si forte qu'elle préempte les enjeux de moyen et de long terme. Je suis tout seul à la manœuvre [...]. Est-ce que les grandes formations politiques et l'opposition sont capables à un moment ou à un autre de se hisser au-dessus de la mêlée pour se rejoindre sur l'essentiel ? Nous poursuivons des objectifs qui sont complètement contradictoires et incompatibles. Alors, nous faisons des petits pas, mais est-ce que les petits pas peuvent suffire à inverser, à endiguer [...] – parce que nous avons basculé dans la tragédie climatique ? La réponse est non. La question fondamentale qu'il faut se poser : est-ce que nous avons commencé à réduire nos émissions de gaz à effet de serre ? La réponse est non. Nous avons commencé à réduire l'utilisation des pesticides ? La réponse est non. Est-ce que nous avons commencé à enrayer l'érosion de la biodiversité ? La réponse est non. Est-ce que nous avons commencé à nous mettre en situation d'arrêter l'artificialisation des sols ? La réponse est non.* » La suite, on la connaît : il n'a pas voulu servir davantage de caution symbolique à ce gouvernement de tartuffes. Il a posé un acte politique majeur en partant comme il est parti. C'était une première.

Ça fera date. Et vous, Emmanuel Macron, devriez avoir honte. Vous devriez avoir honte, lorsque vous ratifiez le CETA, d'oser suggérer que Hulot en a été en partie l'artisan après toutes les couleuvres que vous lui avez fait avaler. Il a tant pris sur lui pendant un an, il a tant négocié avec lui-même. Et, n'ayons pas peur des mots, il a tant souffert. Il n'était peut-être pas fait pour la politique – il l'a dit lui-même. C'est vrai. Il était trop sincère, trop émotif pour elle. Mais il a tenté quelque chose. Et il voulait, avec votre soutien, servir cette cause immense. Alors, bien sûr, lorsqu'on s'inscrit dans le système européen et libéral, il est presque impossible de mener une politique écologique réelle.

> **Nous sommes bel et bien dans une situation extrême, menacés, et donc, en guerre.**

Mais si l'opinion publique continuait de changer et de peser davantage, si les industriels, comme dans les années 1970, étaient prêts, non par philanthropie, mais parce qu'ils y trouveraient soudain un intérêt décisif, à modifier la structure même de leur *business model*, seriez-vous prêt, vous, à changer ? L'Amazonie brûle comme jamais, l'effet domino s'accélère encore, des records de chaleur absolus ont été enregistrés cet été au pôle Nord, plus de 2,2 millions de km^2 de banquise se sont effondrés en trois semaines. C'est cataclysmique.

Il y a un combat mondial à mener.

On ne le voit pas parce que cette fois l'ennemi n'a pas de visage, et que la notion même de « front » n'a plus de sens, mais nous sommes bel et bien dans une situation extrême, menacés, et donc, en guerre.

Vous satisferez-vous longtemps de la chance dont vous avez joui en 2017 ?

Vous le savez aujourd'hui : vous n'avez rien révolutionné, vous n'incarnez pas le nouveau monde. Votre élection a juste révélé que les anciens appareils étaient obsolètes. C'est tout.

Vous satisferez-vous longtemps d'être la seule alternative à l'extrême droite ? Ne trouvez-vous pas ça politiquement faible ? Ce n'est pas digne d'un homme d'État. Ce n'est pas digne d'un homme tout court. Quel est votre « projet », au fond ?

Vous que le magazine *Forbes* classait en 2018 comme le leader du *free market*, vous que le magazine *Fortune* classait en 2017 comme l'homme le plus influent de la planète, que désirez-vous, aujourd'hui, Emmanuel Macron ? Allez-vous prendre conscience que les temps dans lesquels nous sommes entrés sont bel et bien tragiques et ont besoin d'hommes résolus, d'hommes qui ont le sens de la rupture, et de l'histoire ?

Conclusion

Ma vie d'enfant a été habitée par la beauté de figures héroïques et hantée par la peur. Je sais la violence. Elle m'a parfois tétanisé jusqu'à la prostration. Je me suis longtemps soumis à elle, plié aux injonctions familiales – à celles de mon père surtout. C'était un homme à la fois intègre et injuste. Il était brutal et imposait sa loi abusive, mais il était aimant. Il m'a beaucoup apporté et me paraissait si grand. Je ne sais toujours pas, aujourd'hui, s'il l'est vraiment, mais enfin il parle de grandeur – tout le temps. Et il en parle bien. Je me suis inscrit dans sa lignée, j'ai essayé de toutes mes forces d'être le fils qu'il voulait que je sois. Ça a failli me perdre : hériter est parfois une malédiction. Alors, quand le cyclisme m'a mis à terre, j'ai survécu en prenant la parole. Oui, j'ai pris la parole pour ne pas mourir, et prendre la parole m'a fait devenir qui je suis. Je sais le pouvoir des mots. Et je pense

> **Il n'y a pas d'hommes forts. Il y a juste des hommes qui se battent et des hommes qui ne se battent pas.**

aussi avoir compris une chose : il n'y a pas d'hommes forts. Il y a juste des hommes qui se battent et des hommes qui ne se battent pas. J'aimerais que ce livre tienne à la fois de la profession de foi et du livre de combat. J'aimerais que les gens se le passent, le questionnent, s'en inspirent ou le désapprouvent – peu importe. J'aimerais que les gens se sentent interpellés et réagissent. J'aimerais que la planète devienne un sujet, central, pour chacun d'entre nous. Car nous sommes en danger. Et le premier pas à faire pour nous en sortir, c'est d'abord d'en prendre conscience, de ne pas avoir peur de la peur, de sortir de ce déni dans lequel nous sommes saisis et dont les ressorts historiques sont vifs et puissants.

Nous sommes entrés dans des temps fatidiques, où l'optimisme relève de la collaboration criminelle. Que ce soit clair : je me fous d'être anxiogène, j'irai même plus loin, je veux l'être. La situation l'exige : il est urgent d'avoir peur. Mais cette peur doit devenir le moteur d'une lutte joyeuse. Il est urgent de donner du sens à ce qu'on fait, à ce qu'on vit. Je pense souvent à mon frère, à la manière dont, dans ses documentaires, il savait exalter la beauté là où on ne la voyait pas forcément. Parfois, quand je regarde un arbre, un paysage, je songe encore à lui, à la maladie qui l'a ravagé et emporté trop tôt. Ça me remet à ma place, et face à ce que j'ai de plus intact et de plus noble en moi. Alors je contemple encore le monde autour de moi, bêtement, le bleu du ciel, la trajectoire de certains oiseaux, qui dessinent, malgré eux, des augures. Et je me dis : « Mérite ça ! »

Sources

Livres

Anders, Gunther, *De la bombe et de notre aveuglement face à l'apocalypse*, Éditions Titanic-Toursky, 1956.

Bourguignon, Claude, *Le Sol, la terre et les champs : pour retrouver une agriculture saine*, Sang de la Terre, 2008.

Campbell, T. Colin & Campbell, Thomas M., *L'Enquête Campbell*, Les Arènes, 2013.

Castoriadis, Cornelius, *La Montée de l'insignifiance*, Le Seuil, coll. « Points », 2007.

Crawford, Matthew B., *Éloge du carburateur*, La Découverte, 2016.

Dupuy, Jean-Pierre & Karsenty, Serge, *L'Invasion pharmaceutique*, Le Seuil, 1974.

Foucart, Stéphane, *La Fabrique du mensonge : comment les industriels manipulent la science et nous mettent en danger*, Gallimard, coll. « Folio », 2014.

Gemenne, François, *Géopolitique du changement climatique*, Armand Colin, 2009.

Gide, André, *L'Immoraliste*, Gallimard, 1972.

Gros, Frédéric, *Désobéir*, Albin Michel, 2017.

Harari, Yuval Noah, *Sapiens : une brève histoire de l'humanité*, Albin Michel, 2015.

Hoddeson, Lillian, Henriksen, Paul W., Meade, Roger A., Westfall, Catherine L., *Critical Assembly : A Technical History of Los Alamos During the Oppenheimer Years, 1943-1945*, Cambridge University Press, 1993.

Huxley, Aldous, *Le Meilleur des mondes*, Pocket, 2017.

Illich, Ivan, *La Perte des sens*, Fayard, 2004.

–, *Une société sans école*, Le Seuil, 1971.

Jancovici, Jean-Marc, *Le Changement climatique expliqué à ma fille*, Le Seuil, 2017.

Jonas, Hans, *Le Principe de responsabilité*, Flammarion, coll. « Champs », 2013.

Lasch, Christopher, *La Culture du narcissisme*, Flammarion, coll. « Champs », 2008.

Lawrence, David Herbert, *L'Amant de Lady Chatterley*, Le Livre de poche, 1997.

Malet, Jean-Baptiste, *L'Empire de l'or rouge*, Fayard, 2017.

Martin, Hans-Peter & Schumann, Harald, *Le Piège de la mondialisation*, Actes Sud, 1999.

Meadows, Dennis, *The Limits to Growth*, Universe Books, 1972.

Melville, Herman, *Bartelby le scribe*, Gallimard, coll. « Folio », 1996.

Michéa, Jean-Claude, *L'Enseignement de l'ignorance*, Climats, 1999.

Negri, Antonio, *Inventer le commun des hommes*, Bayard, 2010.

Orwell, George, *1984*, Gallimard, 1950.

Proctor, Robert N., *Golden Holocaust – La conspiration des industriels du tabac*, Les Equateurs, 2014.

Rand, Ayn, *La Vertu d'égoïsme*, Les Belles Lettres, 1993.

Reich, Wilhelm, *La Psychologie de masse du fascisme*, Payot, 1999.
Rich, Nathaniel, *Perdre la Terre*, Le Seuil, 2019.
Rifkin, Jeremy, *La Nouvelle Société du coût marginal zéro*, Actes Sud, coll. « Babel », 2016.
Rubin, Jerry, *Do It*, Le Seuil, 1971.
Smith, Adam, *Recherches sur la nature et les causes de la richesse des nations*, Garnier-Flammarion, 1999.
Souccar, Thierry, *Santé, mensonge et propagande* (avec Isabelle Robard), Le Seuil, 2004.
Thoreau, Henry David, *La Désobéissance civile*, Mille et une nuits, 1997.
Wallace-Wells, David, *The Uninhabitable Earth*, Tim Duggan Books, 2019.

Articles

« Alaska's Permafrost is Thawing », *The New York Times*, 23 août 2017.
« Arctic Expert Predicts Final Collapse of Sea Ice Within Four Years », *The Guardian*, 17 septembre 2012.
« Bové dénonce un conflit d'intérêts européen sur les OGM », *L'Express*, 30 septembre 2010.
« CETA : farines animales, antibiotiques… la confusion du gouvernement sur les conséquences en France », *Le Monde*, 15 juillet 2019.
« Chiffrer le coût de l'inaction, un changement dans la prise de conscience climatique ? », *Novethic.fr*, 19 octobre 2015.
« Combattre le changement climatique peut rapporter gros », *La Tribune*, 5 septembre 2018.
« Comprendre le revirement d'Emmanuel Macron sur l'accord UE-Mercosur », *Le Monde*, 27 août 2019.

« Cramming More Components Onto Integrated Circuits », *Electronics*, 19 avril 1965.
« Du traité constitutionnel à Syriza : l'Europe contre les peuples », *Le Figaro*, 2 février 2015.
« En Chine, des étudiants forcés de fabriquer l'iPhone X », *Le Monde*, 24 novembre 2017.
« En Suède, la "honte de prendre l'avion" plombe déjà le trafic aérien », *Les Échos*, 20 avril 2018.
« En trente ans, près de 80 % des insectes auraient disparu en Europe », *Le Monde*, 18 octobre 2017.
« Europe : conflit d'intérêts dans la sécurité alimentaire », *Le Monde*, 29 septembre 2010.
« Exode climatique massif attendu au Moyen-Orient et en Afrique du Nord », *Up' Magazine*, 1er juillet 2019.
« Extreme Water Stress Affects A Quarter of The World's Population », *The Guardian*, 6 août 2019.
« Glyphosate : 2 milliards de dollars d'amende pour Monsanto au troisième procès du Roundup », *La Tribune*, 14 mai 2019.
« Glyphosate : comment Monsanto mène sa guerre médiatique », *Le Monde*, 31 janvier 2019.
« Is Dietary Pesticide Exposure Related to Semen Quality ? Positive Evidence from Men Attending a Fertility clinic », *Human Reproduction*, mars 2015.
« La consommation de vidéos en streaming va-t-elle tuer la planète ? », *Le Temps*, 27 septembre 2018.
« La Nouvelle-Zélande, possible refuge pour milliardaires américains », *Le Point*, 26 janvier 2017.
« Le déclin (très alarmant) des insectes dans le monde », *Science Post*, 21 octobre 2018.
« Le discours à contre-courant du P-DG de Danone à HEC », *Les Échos*, 30 juin 2016.

« Le gaspillage alimentaire reste un défi majeur pour la planète », *Les Échos*, 22 août 2018.
« Le lobby pro-OGM infiltre l'Agence européenne de sécurité alimentaire », *Libération*, 29 septembre 2010.
« Le système Pierre Rabhi », *Le Monde diplomatique*, août 2018.
« L'Europe a perdu plus de 400 millions d'oiseaux », *Le Monde*, 3 novembre 2014.
« Losing Earth : The Decade We Almost Stopped Climate Change », *The New York Times Magazine*, 1er août 2019.
« Migrations : la bombe à retardement climatique », *La Tribune Toulouse*, 10 juillet 2018.
« Nicholas Stern : Cost of Global Warming is Worst Than I Feared », *The Guardian*, 6 novembre 2016.
« Nouveau scandale à l'Autorité européenne de sécurité des aliments », *Le Monde*, 10 mai 2012.
« Numérique : le grand gâchis énergétique », *CNRS Le journal*, 16 mai 2015.
« Our Minds Can Be Hijacked' : The Tech Insiders Who Fear a Smarthone Dystopia », *The Guardian*, 6 octobre, 2017.
« Oxfam épingle les banques françaises pour leurs politiques climatiques "insuffisantes" », *La Tribune*, 5 juin 2019.
« Pendant que l'Amazonie brûle, des volte-face en trompe-l'œil au G7 de Biarritz », *Mediapart*, 25 août 2019.
« Pourquoi la viande est-elle si nocive pour la planète », *Le Monde*, 11 décembre 2018.
« Pourquoi les Éthiopiens souhaitent planter quatre milliards d'arbres en six mois », *Le Monde*, 4 août 2019.
« Quand c'est gratuit, c'est que vous êtes le produit », *Capital*, 17 juillet 2018.
« Ray Kurzweil, le salarié de Google qui veut terrasser la mort », *Le Monde*, 8 septembre 2015.

« Santé : le sucre est un tueur », *Sud-Ouest*, 2 avril 2012.
« The Extraordinary Science of Addictive Junk Food », *The New York Times*, 1er mars 2013.
« Une animation de la NASA montre l'ampleur du réchauffement climatique », *Le Monde*, 23 janvier 2017.

Autres sources

Sources institutionnelles

Organisations internationales :

Organisation des Nations unies :
https://news.un.org/fr/
Discours d'Antonio Guterres :
https://news.un.org/fr/story/2018/09/1023262
Démographie :
https://www.un.org/fr/sections/issues-depth/population/index.html
Changement climatique « multiplicateur de menaces » :
https://news.un.org/fr/story/2018/07/1018741

Organisation mondiale de la santé :
https://www.who.int/
Viande rouge cancérigène :
https://www.who.int/features/qa/cancer-red-meat/fr/
Mortalité environnementale :
https://www.who.int/phe/infographics/environmental-impacts-on-health/fr/

Organisation des Nations unies pour l'alimentation et l'agriculture :
http://www.fao.org/

L'élevage et l'environnement :
http://www.fao.org/fileadmin/templates/wsfs/docs/Issues_papers/Issues_papers_FR/L % E2 % 80 % 99agriculture_mondiale_ % C3 % A0_1 % E2 % 80 % 99horizon_2050.pdf

Agence internationale des énergies renouvelables :
https://www.irena.org/

Organisations non gouvernementales, associations :

Institut de recherche et d'études Méditerranée Moyen-Orient :
Réchauffement climatique et révolutions arabes :
https://blogs.mediapart.fr/iremmo/blog/270513/de-l-influence-du-changement-climatique-sur-le-monde-et-les-revolutions-arabes

World Wildlife Fund :
https://www.wwf.fr/
Pollution plastique :
https://www.wwf.fr/vous-informer/actualites/pollution-plastique-a-qui-la-faute

The Shift Project :
https://theshiftproject.org/

Union of Concerned Scientists :
https://www.ucsusa.org/

Transport & environment :
https://www.transportenvironment.org/

World Resources Institute :
https://www.wri.org/

Blogs et sites personnels

Olivier Raguenes :
https://blogs.mediapart.fr/olivier-raguenes/blog/070318

Jean-Marc Jancovici :
https://jancovici.com/

Remerciements

On peut toujours remercier des dizaines de gens… pas moi…

Une personne est venue me chercher pour ce livre. Elle a cru en moi, m'a conseillé, soutenu, porté, consacré toute son attention et sa générosité quand j'étais radicalement seul dans les épreuves parmi les plus exigeantes de ma vie… Je tiens ici à remercier Stéphanie Polack. Ma complice, mon amie et mon éditrice…

Je remercie tous ceux qui m'ont conseillé, je ne les citerai pas, ils sont trop nombreux…

Et je finirai par remercier Lou, ma petite dernière, d'avoir supporté ces dizaines de livres lus sans lui accorder l'attention qu'elle méritait et l'amour et la patience dont elle a témoigné quand j'enquêtais et que j'écrivais des heures durant…

Composition et mise en pages
Nord Compo à Villeneuve-d'Ascq

Imprimé en France par CPI
en septembre 2021
N° d'impression : 3044399

Pocket – 92 avenue de France, 75013 PARIS

S32038/01

Das Buch

Patrice Umphelby, Schriftstellerin und Dozentin am ehrenwerten, aber höchst verstaubten Clare College, wird tot in einem See gefunden. Offenbar hat sie sich Steine in die Taschen gesteckt und ist dann à la Virginia Woolf ins Wasser gegangen. Doch kommen bald Zweifel auf, ob die unkonventionelle und im Kollegenkreis höchst umstrittene Patrice wirklich Selbstmord begangen hat, und die Rektorin des Colleges bittet deshalb Kate Fansler, die gewitzte Literaturprofessorin und erfahrene Amateurdetektivin, unauffällig die Umstände des Todes zu klären. Viele Fragen tun sich auf, bis Kate den Fall lösen kann, aber ganz nebenbei gelingt es ihr auch, ein feministisches Studienprogramm durchzusetzen.

Die Autorin

Amanda Cross (eigentlich Carolyn G. Heilbrun), geboren 1926 in New Jersey, lebt in New York, lehrt an der Columbia University und gilt als eine der anerkannten feministischen Literaturwissenschaftlerinnen. Mit der Figur der Kate Fansler, Literaturprofessorin und Amateurdetektivin, gehörte sie zu den ersten der »neuen Thrillerfrauen«. In deutscher Sprache liegen außerdem vor: ›Albertas Schatten‹ (1988), ›In besten Kreisen‹, ›Eine feine Gesellschaft‹ (1989), ›Schule für höhere Töchter‹ (1990), ›Tödliches Erbe‹, ›Die Tote von Harvard‹ (1991), ›Der Sturz aus dem Fenster‹, ›Verschwörung der Frauen‹ (1992).